世界最美的

鳥類羽毛圖鑑

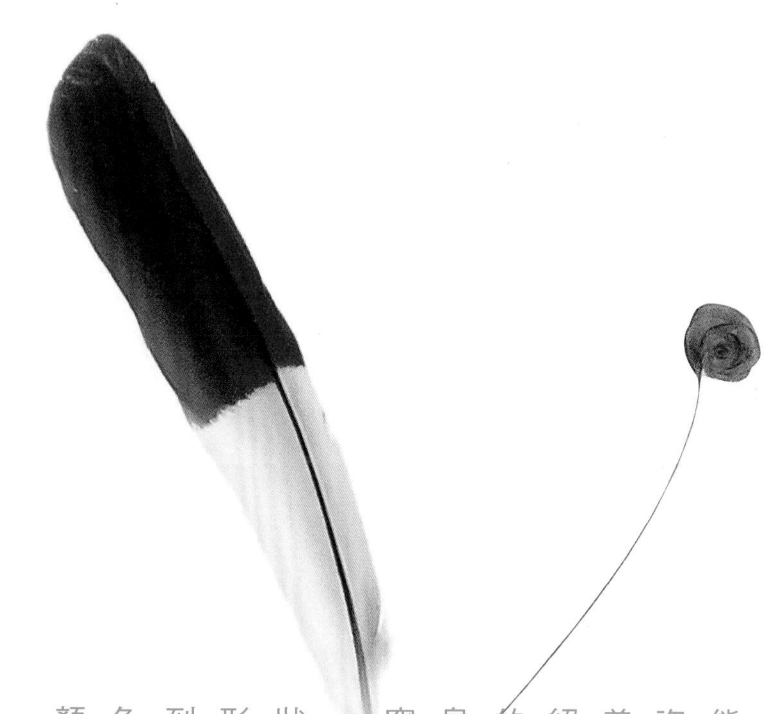

從圖樣、顏色到形狀一窺鳥的絕美姿態

前言

「鳥為什麼是鳥呢？擁有什麼特徵，才會被稱為鳥呢？」

如果有人問你這樣的問題，你會怎麼回答呢？會飛的動物就是鳥嗎？但是蝙蝠會飛，昆蟲也會飛。除了鳥類以外，地球上還有許多會飛的動物，在我們的四周翩翩飛舞。有喙的動物就是鳥嗎？這個答案不算錯，但像鴨嘴獸之類的哺乳類動物也有喙。你可能會想到各式各樣的答案，但如果問我的話，我一定會毫不猶豫地回答鳥類是「有羽毛的動物」。只有鳥類有羽毛，而且鳥類都有羽毛。不僅如此，除了鳥喙與腳等少數凸出的部位，羽毛覆蓋了鳥的全身。羽毛可以說是鳥類不可或缺的特徵。

恐龍還存在於地球時，地球上就已經有鳥類。鳥類歷經了許多世代並不斷演化，直至今日。現在的鳥類約有8000～9000種。考慮到顏色或生態不同的鳥類族群可能會被列為亞種，這些形形色色的鳥類應有萬種以上，並演化出萬種以上的模樣。而演化過程中的核心，就是羽毛。在鳥類的演化過程中，出現了許多不同的羽毛。這些羽毛不只有飛翔、保溫等功能，有些鳥類還演化出具功能性的羽毛、有觸覺的羽毛，以適應牠們的生活模式，有些鳥甚至還有用來炫耀展示的羽毛。其中，用來炫耀展示的羽毛更是讓人讚嘆。這種多

彩多姿的羽毛世界，深深吸引著我。

本書會把演化至今的鳥類羽毛分成4大章，分別介紹羽毛的圖樣、顏色、形狀，以及不會飛的鳥。當然，這並不代表每一種羽毛只有所屬章節介紹的特徵，有些羽毛在圖樣、顏色、形狀上，都有值得一提的特點。雖然這是我思考許久後強行做出的分類，不過希望各位在閱讀每一章時，能夠把焦點放在該章強調的特徵上。除了書中介紹的羽毛之外，還有許多羽毛沒能收錄至本書的內容中。本書所介紹的羽毛，都是在拍攝工作截止之前，絞盡腦汁後挑選出來的名單。讓我充分理解到球隊教練挑選先發球員時的苦惱。這些挑選出來的羽毛是在漫長歲月中演化出來的藝術，希望各位在鑑賞這些藝術品時，能同時想像鳥兒披著這些羽毛的樣子。如果各位也能感受到鳥兒帶給我的感動，那便是我最大的喜悅。

目次

第3章　形狀

第4章　不會飛的鳥

#01：markings 圖樣

【青鸞】

英文名稱：Great Argus
學名：*Argusianus argus*
分類：雞形目雉科

分布於馬來半島、蘇門答臘島、婆羅洲等地。次級飛羽的點狀圖樣呈現出如油畫般的光影，羽毛上像是有水繞著斑點流動。為什麼青鸞的羽毛會演化出這種圖樣呢？是為了求偶嗎？但求偶有必要演化出這種像流水般的圖樣嗎？實在讓人相當好奇。或者是為了偽裝嗎？再怎麼思考也很難想出答案，不過對青鸞來說，這種圖樣在生存上應該有其必要性。而且青鸞不只次級飛羽很有特色，初級飛羽上的斑點圖樣也十分美麗，尾羽的圖樣則像是夜空中的繁星。次級飛羽的長度達80cm，中央一對尾羽的長度可達130cm。雄性青鸞可展開飛羽形成一個圓，並舉起長長的尾羽向雌鳥展示。有趣的是，展示羽毛時，雌鳥看不到雄鳥的臉在哪裡。

【青鸞】

【 鳳頭斑眼雉 】

英文名稱：Crested Argus
學名：*Rheinardia ocellata*
分類：雞形目雉科

分布於越南至寮國的狹長區域，以及馬來半島的大漢山國家公園。牠們的尾羽超過170cm，是世界最長的羽毛。尾羽有許多細小而緊密排列的斑點，圖樣與青鸞（第9頁）的次級飛羽類似，卻沒有眼斑。次級飛羽的圖樣與青鸞的羽毛不同，也沒那麼長。所以展示羽毛時，不像青鸞那樣秀出華麗的次級飛羽，而是會舉起尾羽，伸展翅膀並拍動羽毛。雖說如此，光是鳳頭斑眼雉那長而美麗的尾羽，就能在展示時發揮很大的功用。

【 巴拉望孔雀雉 】

英文名稱：Palawan Peacock-Pheasant
學名：*Polyplectron emphanum*
分類：雞形目雉科

分布於菲律賓的巴拉望島。僅尾羽與尾上覆羽有眼斑。從肩膀到背部的黑底羽毛上，有著富光澤的藍色圖樣，在黑底上泛著淡淡的藍色光芒，給人一種豔麗感。與其他孔雀雉的羽毛相比，巴拉望孔雀雉有眼斑的羽毛給人威嚴、高貴的印象。雄鳥在向雌鳥展示羽毛時，會往前伸出牠們的羽冠（第14頁左下方），展開翅膀上的藍色羽毛與尾羽，然後維持最適合讓雌鳥觀賞的角度，在雌鳥周圍漫步，將羽毛的美展現到極致。

【 銅尾孔雀雉 】

英文名稱：Bronze-tailed Peacock-Pheasant
學名：*Polyplectron chalcurum*
分類：雞形目雉科

分布於蘇門答臘島，是唯一沒有眼斑的孔雀雉，此為其一大特徵。雖然少了眼斑，但尾羽細長，上面還有與眾不同的圖樣。藍色圖樣很有神祕感，與褐色條紋形成絕妙的搭配。我第一次見到牠的羽毛時，雖然沒看到眼斑，卻感受到那股壓倒性的存在感，至今仍讓我印象深刻。當然，牠們對雌鳥展示羽毛時會展開尾羽炫耀。牠們展開尾羽的樣子真的非常美麗。

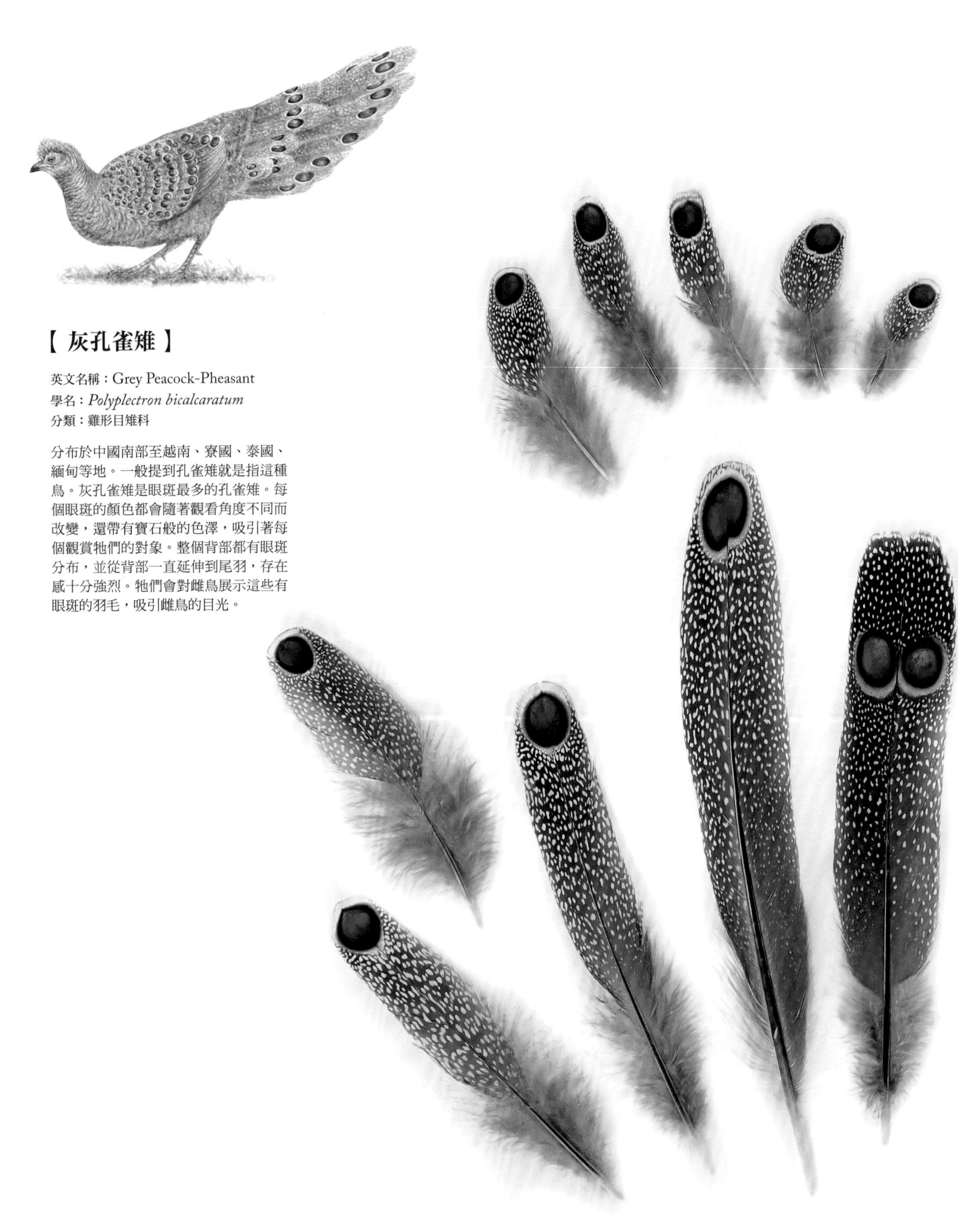

【灰孔雀雉】

英文名稱：Grey Peacock-Pheasant
學名：*Polyplectron bicalcaratum*
分類：雞形目雉科

分布於中國南部至越南、寮國、泰國、緬甸等地。一般提到孔雀雉就是指這種鳥。灰孔雀雉是眼斑最多的孔雀雉。每個眼斑的顏色都會隨著觀看角度不同而改變，還帶有寶石般的色澤，吸引著每個觀賞牠們的對象。整個背部都有眼斑分布，並從背部一直延伸到尾羽，存在感十分強烈。牠們會對雌鳥展示這些有眼斑的羽毛，吸引雌鳥的目光。

【 山孔雀雉 】

英文名稱：Mountain Peacock-Pheasant
學名：*Polyplectron inopinatum*
分類：雞形目雉科

分布於馬來半島。有著異於其他孔雀雉的美，尾羽的圖樣十分豔麗。正如牠的日文名稱「紅小孔雀」一樣，是唯一羽毛帶有深紅色調的孔雀雉。與其他孔雀雉相比，身上羽毛的眼斑較小，但也因此更能讓人感受到羽毛之美。相對的，尾羽的眼斑比其他孔雀雉大，給人沉穩的印象。牠們會使勁展開這些羽毛，吸引雌鳥的目光。

【 鳳冠孔雀雉 】

英文名稱：Malayain Peacock-Pheasant
學名：*Polyplectron malacense*
分類：雞形目雉科

分布於馬來半島，是唯一讓我覺得羽毛很帥氣的孔雀雉。羽毛上有豹紋與眼斑。與其他孔雀雉相比，鳳冠孔雀雉的羽毛有著壓倒性的存在感。除了中央尾羽之外，其他尾羽僅有一個眼斑，內瓣側的眼斑看起來就像是在眨眼一樣。與其他羽毛重疊而會被蓋到的部分，應無演化出圖樣的必要才對，但在觀察單一根羽毛時，便會發現這些羽毛上的圖樣十分獨特而有趣。鳳冠孔雀雉在向雌鳥展示羽毛時會伸出羽冠，舉起並展開尾羽，同時盡可能擴展背上的眼斑圖樣。

【 眼斑孔雀雉 】

英文名稱：Germain's Peacock-Pheasant
學名：*Polyplectron germaini*
分類：雞形目雉科

僅分布於越南。外型與灰孔雀雉（第18頁）相似，眼睛周圍的紅色眼圈為其特徵。與灰孔雀雉相比，眼斑孔雀雉的顏色較深，身上圖樣有著與其他孔雀雉不同的魅力。第25頁的尾羽照片為雌鳥的尾羽，尾羽上有眼斑，以及如同點點繁星的圖樣，看起來就像太空中的星系一樣。雄鳥就像其他孔雀雉一樣會展開尾羽與翅膀，展現出背部到尾羽上的眼斑，吸引雌鳥注意。

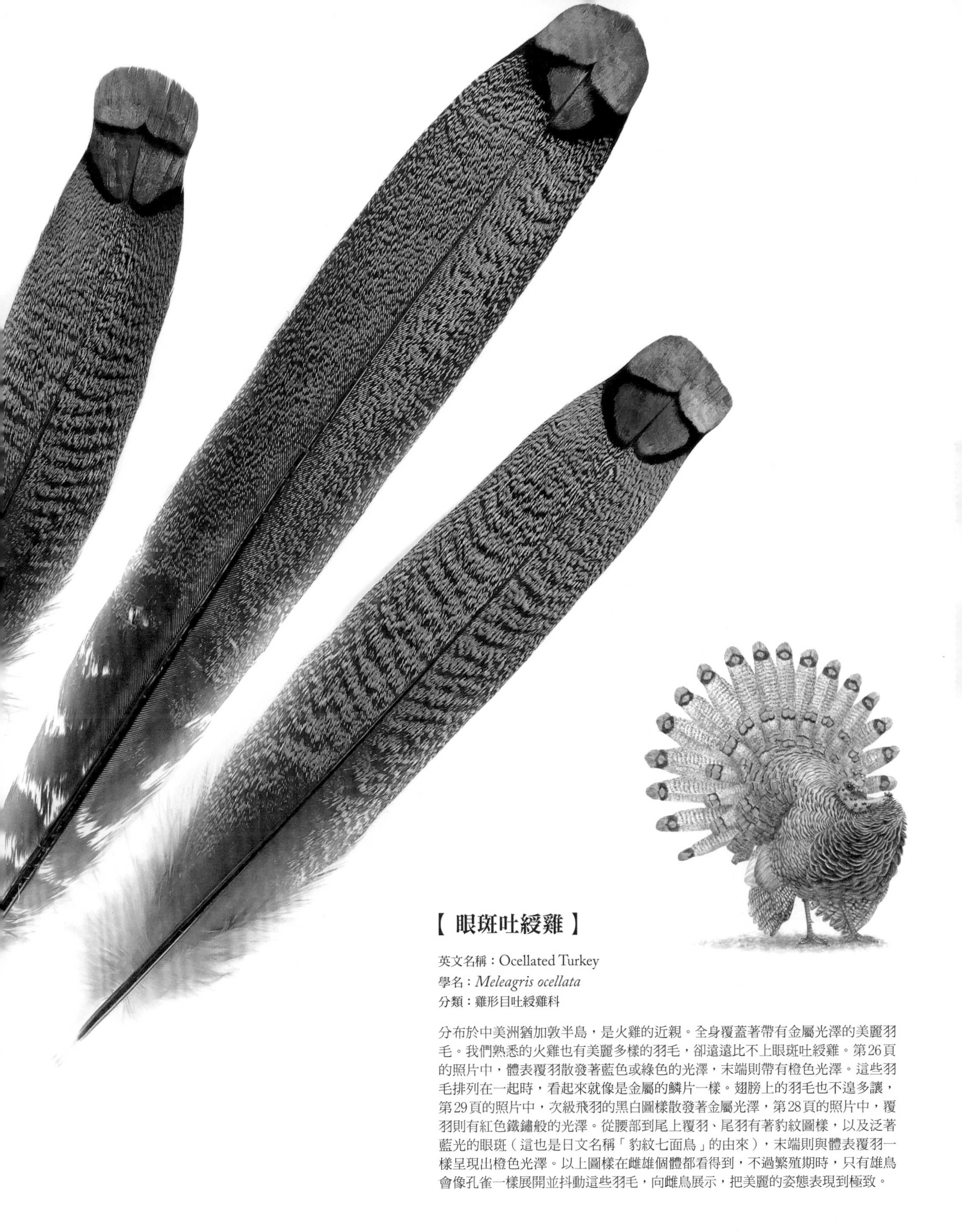

【眼斑吐綬雞】

英文名稱：Ocellated Turkey
學名：*Meleagris ocellata*
分類：雞形目吐綬雞科

分布於中美洲猶加敦半島，是火雞的近親。全身覆蓋著帶有金屬光澤的美麗羽毛。我們熟悉的火雞也有美麗多樣的羽毛，卻遠遠比不上眼斑吐綬雞。第26頁的照片中，體表覆羽散發著藍色或綠色的光澤，末端則帶有橙色光澤。這些羽毛排列在一起時，看起來就像是金屬的鱗片一樣。翅膀上的羽毛也不遑多讓，第29頁的照片中，次級飛羽的黑白圖樣散發著金屬光澤，第28頁的照片中，覆羽則有紅色鐵鏽般的光澤。從腰部到尾上覆羽、尾羽有著豹紋圖樣，以及泛著藍光的眼斑（這也是日文名稱「豹紋七面鳥」的由來），末端則與體表覆羽一樣呈現出橙色光澤。以上圖樣在雌雄個體都看得到，不過繁殖期時，只有雄鳥會像孔雀一樣展開並抖動這些羽毛，向雌鳥展示，把美麗的姿態表現到極致。

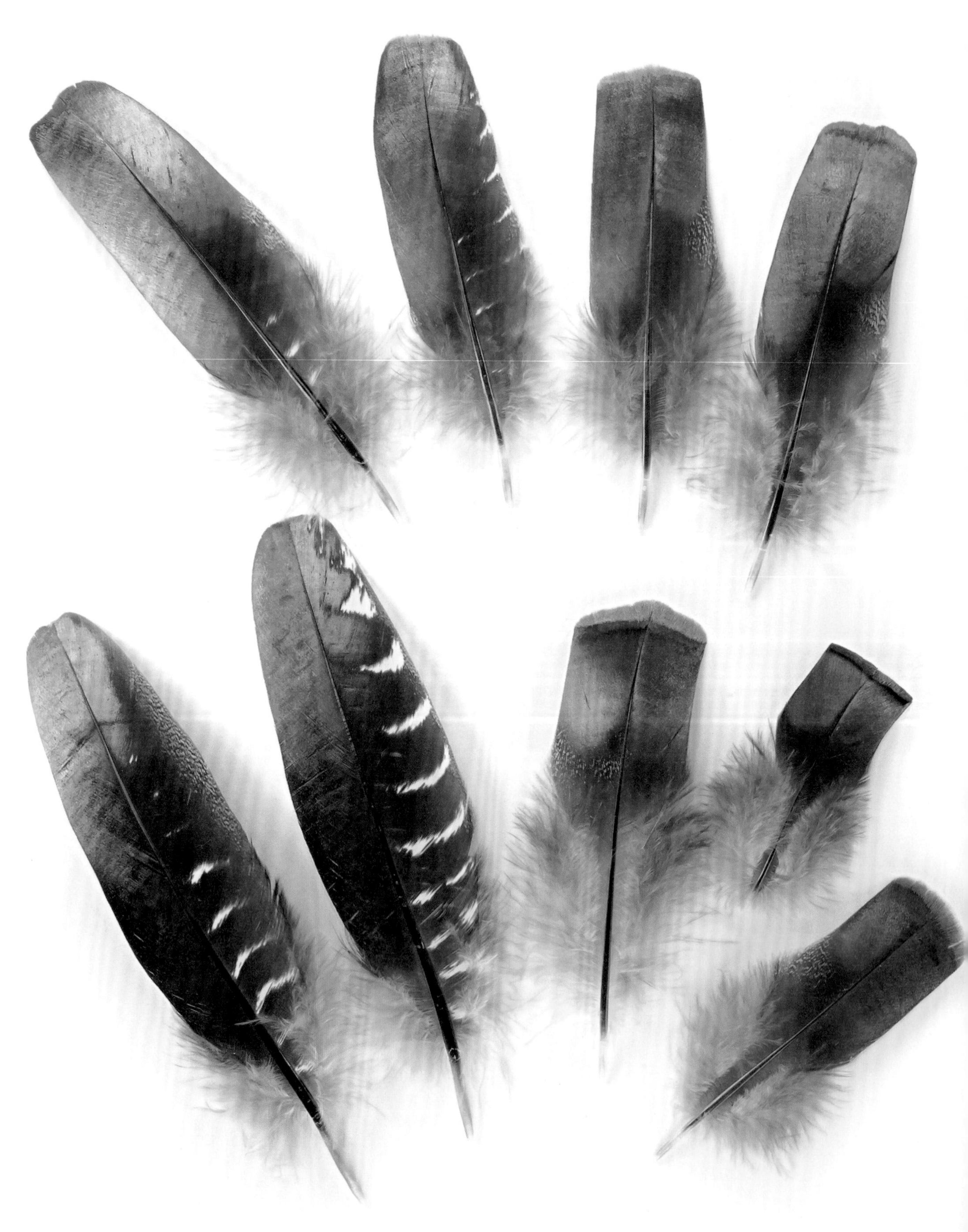

【 眼斑吐綬雞 】

【紅尾黑鳳頭鸚鵡】

英文名稱：Red-tailed Black-Cockatoo
學名：*Calyptorhynchus banksii*
分類：鸚形目鳳頭鸚鵡科

僅分布於澳洲，為鳳頭鸚鵡的一員。雖說是一種鳳頭鸚鵡，體型卻很大，在空中飛行的姿態會讓人聯想到猛禽。紅尾黑鳳頭鸚鵡的羽毛相當大，尾羽最大可超過30cm。羽毛的色彩十分繽紛，在外表大多相當樸實的鳳頭鸚鵡中，可說是獨樹一幟。紅尾黑鳳頭鸚鵡一如其名，雄鳥的尾羽中段為正紅色（照片左方2根）。雌鳥的尾羽更是華麗，羽毛上有從橙色到黃色的漸層條紋，相當吸引人的目光。之所以會有這種漸層，或許是因為在展開尾羽時，尾羽之間重疊的部分使羽毛顯色不完全。但也因為如此，在觀察單一根羽毛時，美麗的色調會讓人不由自主地說出「Good Job！」

【黃尾黑鳳頭鸚鵡】

英文名稱：Yellow-tailed Black-Cockatoo
學名：*Calyptorhynchus funereus*
分類：鸚形目鳳頭鸚鵡科

與紅尾黑鳳頭鸚鵡（第30頁）一樣，僅分布於澳洲，為鳳頭鸚鵡的一員。黃尾黑鳳頭鸚鵡非常大，在澳洲實際看到牠們飛行的黃色身影時，還以為是猛禽類的鳥。如其名所示，尾羽為黃底，上面有著細緻的花紋，十分美麗。看到這樣的羽毛時會聯想到巧克力香蕉的人，應該不會只有我吧？

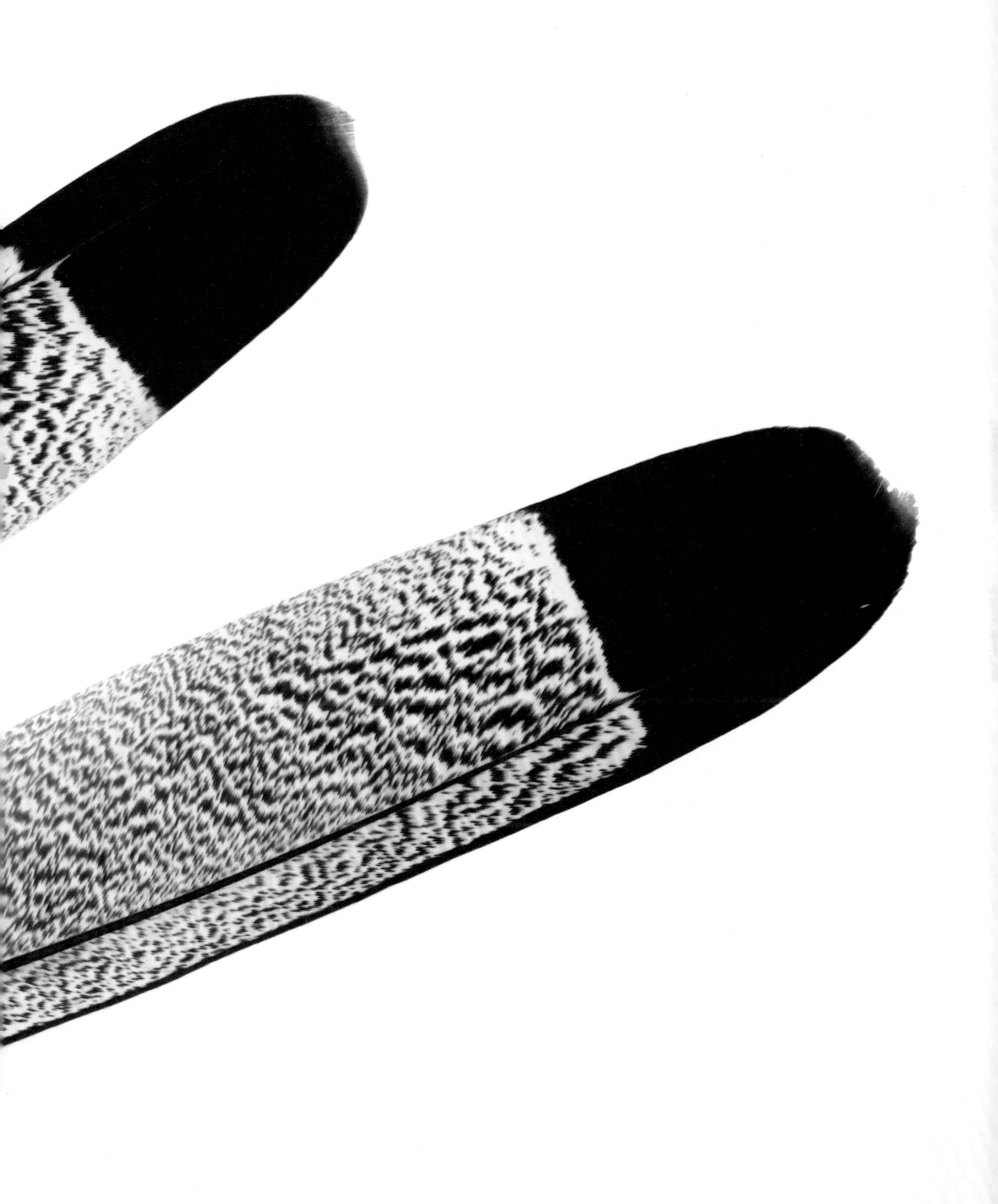

【藍孔雀】

英文名稱：Indian Peafowl
學名：*Pavo cristatus*
分類：雞形目雉科

分布於巴基斯坦、印度、斯里蘭卡等廣大區域。除了原生地之外，藍孔雀也被帶到全球各地，並在當地野化。因為經常在動物園看到牠們，許多人就算對鳥類沒興趣，也知道孔雀長什麼樣子。藍孔雀在日本的八重山群島野化，造成了各種問題。孔雀羽毛的美無需贅言，任誰看到都會覺得十分美麗。孔雀的飾羽在日本可用於製作釣高身鯽魚的浮標。將羽軸較粗處切開並組合在一起，便能製作出細長圓形的浮標。日本從很久以前開始就知道藍孔雀的存在，藍孔雀已融入日本的文化中。另外，頭上的羽冠（第35頁上方）也十分特殊，去除下方的羽毛，僅留下末端的羽瓣，可製作成如髮簪般的裝飾用羽毛。

【綠孔雀】

英文名稱：Green Peafowl
學名：*Pavo muticus*
分類：雞形目雉科

分布於印度、孟加拉、緬甸、中國、寮國、越南、爪哇島等地。外貌與藍孔雀（第34頁）非常相似，同為孔雀的一員。與藍孔雀在羽毛上的主要差異，在於頭上的羽冠（第36頁上方）。有眼斑的飾羽與體表覆羽等，兩者在外觀上皆十分相似。若只看單一根羽毛，大概絞盡腦汁也無法確定是何者的羽毛。

【 彩鶉 】（第38頁）

英文名稱：Montezuma Quail
學名：*Cyrtonyx montezumae*
分類：雞形目雉科

主要分布於美國南部至墨西哥，海拔約1000 ～ 3000m的山地。雄鳥有一張如同小丑般的臉，其他體表覆羽的圖樣也十分顯眼。鵪鶉類的外表顏色、花紋通常都會融入當地環境，彩鶉的雄鳥卻有著極為華麗的外表，這也讓牠們很容易變成被獵捕的目標。這種華麗的外表或許能讓牠們在向雌鳥展示羽毛的同時，把敵人看向雌鳥的視線轉向自己身上。

【 黑鷓鴣 】（第39頁）

英文名稱：Black Francolin
學名：*Francolinus francolinus*
分類：雞形目雉科

主要分布於中東、印度、孟加拉等廣大區域。身體外觀相當多樣，從腰部到尾上覆羽、尾羽都有著黑白相間的細條紋分布，十分美麗。特別是尾羽（照片下方4根），條紋部分與全黑部分的平衡相當絕妙。

【銅翅鳩】

英文名稱：Common Bronzewing
學名：*Phaps chalcoptera*
分類：鴿形目鳩鴿科

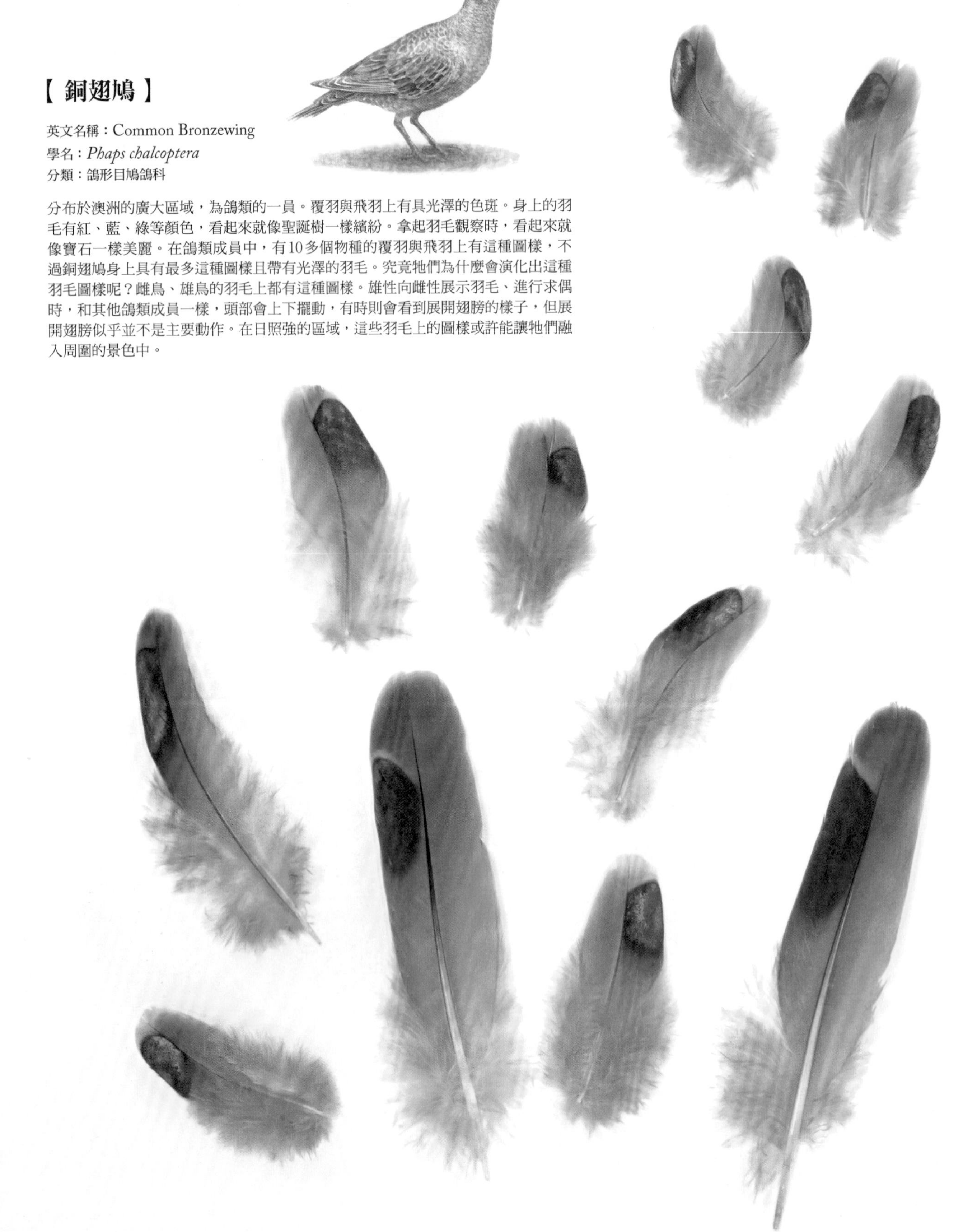

分布於澳洲的廣大區域，為鴿類的一員。覆羽與飛羽上有具光澤的色斑。身上的羽毛有紅、藍、綠等顏色，看起來就像聖誕樹一樣繽紛。拿起羽毛觀察時，看起來就像寶石一樣美麗。在鴿類成員中，有10多個物種的覆羽與飛羽上有這種圖樣，不過銅翅鳩身上具有最多這種圖樣且帶有光澤的羽毛。究竟牠們為什麼會演化出這種羽毛圖樣呢？雌鳥、雄鳥的羽毛上都有這種圖樣。雄性向雌性展示羽毛、進行求偶時，和其他鴿類成員一樣，頭部會上下擺動，有時則會看到展開翅膀的樣子，但展開翅膀似乎並不是主要動作。在日照強的區域，這些羽毛上的圖樣或許能讓牠們融入周圍的景色中。

【冠鳩】

英文名稱：Crested Pigeon
學名：*Geophaps lophotes*
分類：鴿形目鳩鴿科

分布於澳洲的廣大區域。雖不像銅翅鳩（第40頁）那樣色彩繽紛，不過冠鳩的尾羽（照片右下方2根）會散發出淡淡的光澤，相當美麗。與銅翅鳩不同，雄性向雌性展示羽毛、進行求偶時會舉起尾羽，與翅膀一起有節奏地展開、合起，盡可能讓每一根有光澤的羽毛都映入雌鳥眼簾。

【東方角鴞】

英文名稱：Oriental Scops-Owl
學名：*Otus sunia*
分類：鴞形目鴟鴞科

分布於歐亞大陸的廣大區域，為小型貓頭鷹的一員。夜行性，白天會在樹洞中或樹枝上睡覺。在日本已確認的貓頭鷹中，東方角鴞的羽毛圖樣與日本領角鴞並列為最適合偽裝的圖樣。東方角鴞遷徙時，多在靠近樹幹的地方睡覺，外觀上幾乎和樹木融為一體，難以分辨。東方角鴞也有紅色類型（第43頁），數量不多，因為其顏色與圖樣而在日文中被稱為柿木菟。

【茶色蟆口鴟】

英文名稱：Tawny Frogmouth
學名：*Podargus strigoides*
分類：夜鷹目蟆口鴟科

分布於澳洲全區。蟆口鴟的成員皆為夜行性鳥類，白天時會停在樹枝上睡覺，羽毛有著像樹皮般的花紋，外觀可與樹木融為一體，難以分辨。每個個體的羽毛花紋都不太一樣，但都擁有優異的偽裝效果，能融入森林中。若要問鳥類中誰是偽裝的專家，我一定會毫不猶豫地回答蟆口鴟。我曾在澳洲試圖尋找這種鳥，前面幾天雖然撿到了羽毛，卻怎麼樣也找不到牠們的蹤影，直到最後一天，才在雪梨的公園內看到牠們的身影。順帶一提，這是我在澳洲看到的第100種鳥，對我來說相當值得紀念。

【爪哇蟆口鴟】

英文名稱：Javan Frogmouth
學名：*Batrachostomus javensis*
分類：夜鷹目蟆口鴟科

分布於緬甸、越南、寮國、泰國、馬來西亞、蘇門答臘、爪哇島、菲律賓等廣大區域。與茶色蟆口鴟（第44頁）相比，爪哇蟆口鴟的體型小了許多，但羽毛圖樣的偽裝能力完全不會輸給茶色蟆口鴟。外觀可與樹木融為一體，讓人難以發現牠們的存在。

【 普通夜鷹 】

英文名稱：Grey Nightjar
學名：*Carimulgus jotaka*
分類：夜鷹目夜鷹科

普通夜鷹廣泛分布於世界各地，會作為夏候鳥來到日本各地。夜行性，白天時會在樹枝上或地面睡覺，繁殖期則會在森林的地面孵卵。羽毛上細碎的花紋剛好可以用來偽裝。另一方面，雄鳥的翅膀與尾羽上有白色的大白斑。飛行的時候，這個白斑相當顯眼，也可用於展示行為。此外，普通夜鷹的嘴巴周圍有許多鬍鬚狀的羽毛，一般認為，當牠們晚上張開嘴巴飛行時，這些羽毛可以幫忙捕捉獵物。

【山鷸】

英文名稱：Eurasian Woodcock
學名：*Scolopax rusticola*
分類：鴴形目鷸科

分布於歐亞大陸的廣大區域，為森林性鷸類的成員。夜行性鳥類，白天時會在鋪上一層枯葉的林地上睡覺，羽毛的顏色、圖樣會與林地的外觀融為一體，在野外難以發現牠們的存在。雖然平時牠們的羽毛相當適合偽裝，不過雄鳥向雌鳥展示時會在空中飛行，此時尾羽（照片左上方2根）內側（左）末端如白銀般的顏色會變得十分顯眼。由上往下看時，牠們的羽毛會與林地融為一體；由下往上看時則相當顯眼。尾羽的正反兩面擁有不同功能，是相當有趣的羽毛。

【 中地鷸 】

英文名稱：Swinhoe's Snipe
學名：*Gallinago megala*
分類：鴴形目鷸科

在西伯利亞或蒙古等地繁殖，並到中國、印度、東南亞等過冬的候鳥。全世界有18種鷸類，牠們都有著長喙與短尾羽，體表覆羽的圖樣也十分相似。如照片所示，若把牠們的體表覆羽集中起來，想像牠們全身的樣子，可以知道牠們的外觀常能融入濕地、泥地等環境。除了中地鷸之外，日本還有5種鷸類的觀察紀錄，除了生活環境、外觀顏色不同的孤田鷸，其他鷸類的外觀都有相似的圖樣。除了身體較小的小鷸之外，在野外很難分辨這些鷸類的差異。不過，若觀察牠們的羽毛，便會發現尾羽（右下方9根）可表現出各物種的特徵，這也是用來分辨各種鷸類的重點。

【彩鷸】

英文名稱：Greater Painted-snipe
學名：*Rostratula benghalensis*
分類：鴴形目鷸科

分布於中國至印度、非洲大陸、東南亞、澳洲等廣大區域。日文名稱為玉鷸，雄鳥與雌鳥的翅膀羽毛上都有著如寶玉般的圖樣。插圖中的彩鷸為雌鳥。事實上，雌彩鷸的外觀比較華麗，養育子女則是雄鳥的工作。彩鷸為一妻多夫制，許多雄鳥會藏身在雌鳥的周圍養育幼鳥，所以雄鳥擁有能融入濕地環境的外觀。即使是乍看之下很顯眼的雌鳥，也意外地能夠融入濕地環境。雌鳥會像插圖般舉起翅膀，展示羽毛上的寶玉圖樣。雄鳥也不會白白浪費羽毛上的寶玉圖樣，我就有看過牠們壓低身體，橫向展開翅膀，把寶玉圖樣展示給雌鳥看的樣子，不知是不是在向雌鳥搭訕呢？

column

世界最長的羽毛

什麼鳥最大？什麼鳥最小？什麼鳥的鳥喙最長？我們經常能聽到這些話題。那麼，什麼鳥的羽毛最長呢？若把人工改良的品種也算進來，世界上最長的羽毛是日本長尾雞的尾羽。這是日本改良出來的品種，日本長尾雞的尾羽會持續不斷地生長，長度可以超過10m。如果羽毛長到那麼長，根本沒辦法在外面自由走動，只能在籠中生活。還好牠的性格怠惰，即使當隻籠中鳥似乎也不會覺得痛苦。

那麼野生鳥又是如何呢？首先會想到的應該是藍孔雀或綠孔雀的飾羽吧（第34～37頁）。牠們的羽毛中，較長者可達160cm。聽到這樣的答案後，可能會讓人覺得「什麼啊，不就是孔雀嗎」而感到有些失望。但其實孔雀的羽毛並非野生鳥類中最長的羽毛。羽毛最長的野生鳥類是鳳頭斑眼雉，為雉類的成員之一（第12頁）。牠們的尾羽長度超過170cm，和人一樣高喔!!鳳頭斑眼雉屬於世界瀕危物種，日本相關單位也為了保護、繁殖牠們而加以飼養。在橫濱動物園ZOORASIA便能看到牠們，請各位一定要去看看世界最長的尾羽。

日本長尾雞的尾羽。

鳳頭斑眼雉的尾羽。

column

人類對羽毛的利用

我們人類從鳥的羽毛學到了許多東西，同時也試著利用羽毛，至今仍在許多方面受益於羽毛。例如填充羽毛的夾克、棉被等，可以為我們保暖，讓我們舒適地度過寒冷的天氣。羽毛也常用於裝飾，例如印地安人與東南亞的民族服裝、帽子、胸針等，便常用羽毛裝飾。華麗琴鳥（第110頁）的羽毛便常用於帽子的裝飾，南方鶴鴕（第174頁）的羽毛乍看之下很不起眼，卻是印尼常見的裝飾品材料。羽毛的羽軸為中空結構，自古以來便常用於製作羽毛筆。樂器中的大鍵琴也會用羽軸製作撥弦的零件。茶道會用羽毛製作的羽箒來清掃空間，掃除時使用的雞毛撣子則可清理灰塵。

而在釣魚的領域中，羽毛是毛鉤的材料之一，在釣高身鯽魚時會用羽毛製作細長的浮標，此時使用的是藍孔雀身上羽軸很長的飾羽（第34頁）。在溪流釣魚的領域中，為了判斷是否有魚上鉤，會使用羽毛作為標記。在國外有另一種類似毛鉤的釣魚方法，叫做飛蠅釣（Classic Salmon Fly）。他們會用各種羽毛製作出擬餌（lure），不過現在已經很少用在實際的釣魚活動上。畢竟一個擬餌要花數千、數萬元才能製作出來，實在讓人不大捨得把它拋向河川。

箭羽也是常見的羽毛應用。猛禽類的羽毛十分珍貴。另外，日本還有所謂的紅羽毛共同募捐、綠羽毛募捐等募捐活動。捐款人可以拿到對應顏色的羽毛，這些羽毛是用雞的羽毛製作而成。

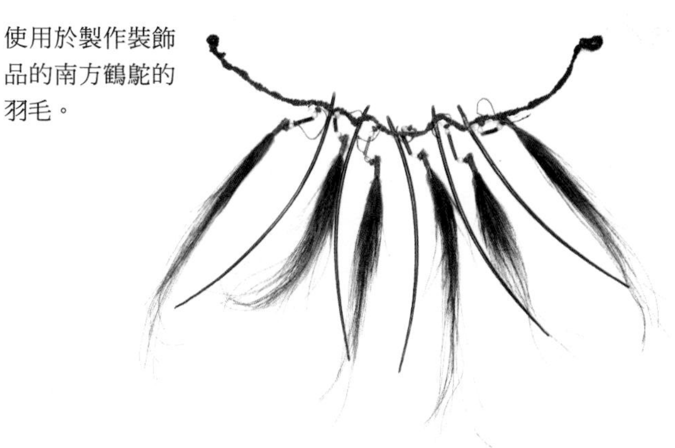

使用於製作裝飾品的南方鶴鴕的羽毛。

照片中的擬餌使用了孔雀雉、棕尾虹雉、松鴉等鳥類的羽毛。

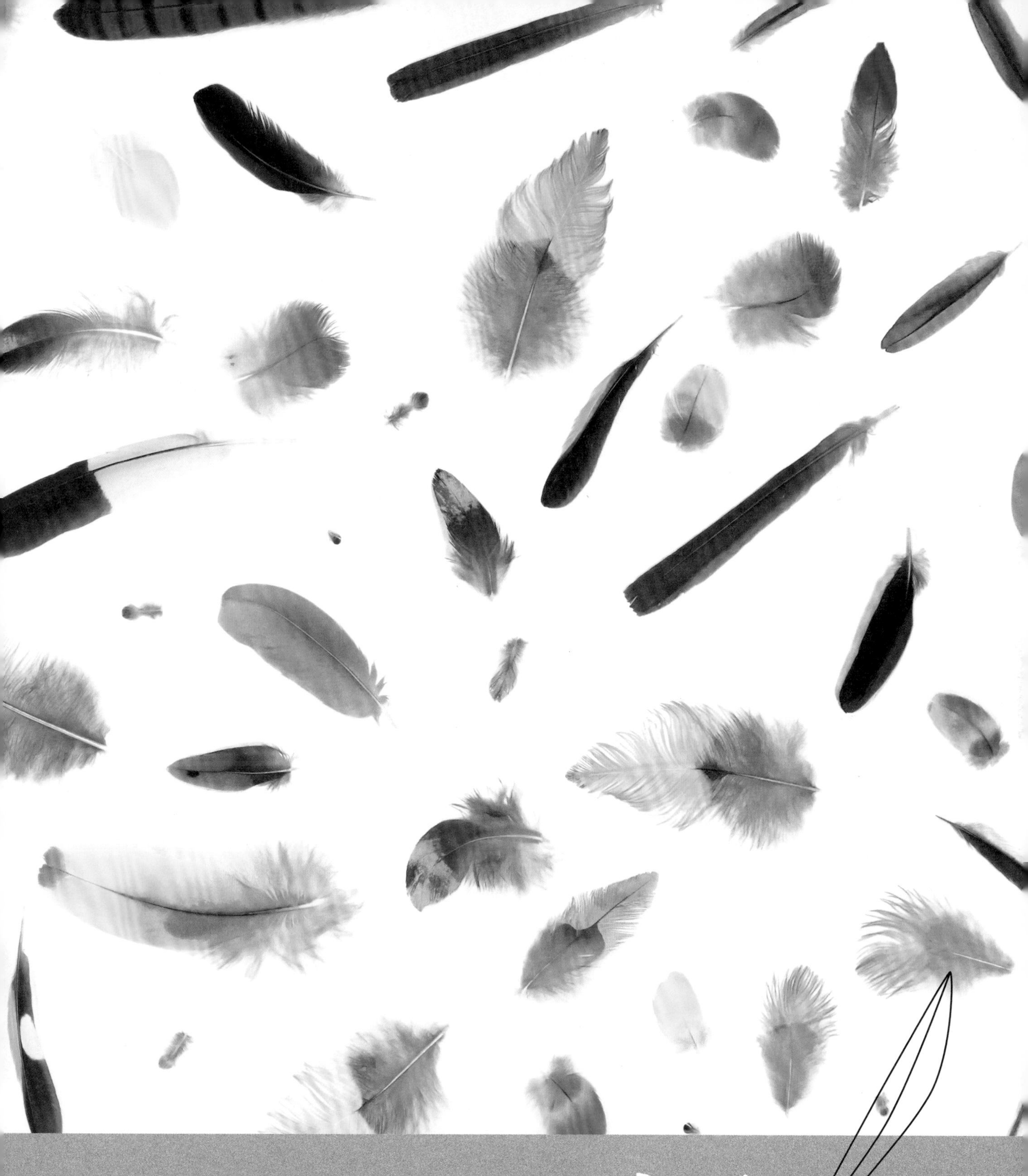

#02：color 顏色

【 鳳尾綠咬鵑 】

英文名稱：Resplendent Quetzal
學名：*Pharomachrus mocinno*
分類：咬鵑目咬鵑科

主要分布於中美洲，被稱為世界上最美麗的鳥，是瓜地馬拉的國鳥。另一個常聽到的俗名為魁札爾鳥（Quetzal）。魁札爾鳥特有的細長美麗羽毛並不是牠的尾羽，而是尾上覆羽，年輕個體的尾上覆羽並不長，要長到那麼長至少需要3年。魁札爾鳥的飛羽、尾羽為樸實的黑色與白色，肩上的細長羽毛為覆羽，使魁札爾鳥看起來就像是穿著一套華麗的服飾一樣。頭頂毛躁的羽毛也是魁札爾鳥的美麗之處。羽冠（第54頁上方）之間就像是合掌造的屋頂一樣，彼此交疊立起，形成莫西干（Mohican）頭般的毛躁髮型。

【 金頭綠咬鵑 】

英文名稱：Golden-headed Quetzal
學名：*Pharomachrus auriceps*
分類：咬鵑目咬鵑科

分布於巴拿馬至委內瑞拉、哥倫比亞、厄瓜多、秘魯、玻利維亞等地。與鳳尾綠咬鵑（第54頁）一樣，披著美麗的飾羽。正如「金頭」這個名字所示，頭頂的羽毛帶有金黃色（第56頁上方）。因為沒有長長的尾上覆羽，所以在美麗方面略遜鳳尾綠咬鵑一籌。尾下覆羽有著紅色羽瓣並泛著綠色光澤，散發出如寶石般的光輝，給人高貴的印象。由於鳳尾綠咬鵑過於出名，使得金頭綠咬鵑常被人忽略，不過我在看到這種鳥的標本時，目不轉睛地看了許久，當時受到的衝擊至今仍記憶猶新。

【緋紅金剛鸚鵡】

英文名稱：Scarlet Macaw
學名：*Ara macao*
分類：鸚形目鸚鵡科

主要分布於墨西哥、哥斯大黎加、哥倫比亞、委內瑞拉、厄瓜多、秘魯、波利維亞等地。緋紅金剛鸚鵡是許多人熟知的金剛鸚鵡之一。日本許多動物園都有飼養，也有不少人會養來當寵物，其中又以這種緋紅金剛鸚鵡（Scarlet Macaw）最為常見。牠的羽毛包含了紅色、黃色、藍色等色彩三原色，美麗之處無需贅言。另外，金剛鸚鵡成員的飛羽內側也具有獨特的特徵。緋紅金剛鸚鵡與紅綠金剛鸚鵡的飛羽內側為紅色，藍黃金剛鸚鵡（照片右方2根）則是黃色。一般來說，飛羽內側通常是結構材質本身的顏色，如黑色、灰色等。很少有鳥類的飛羽內側會是鮮豔的顏色。

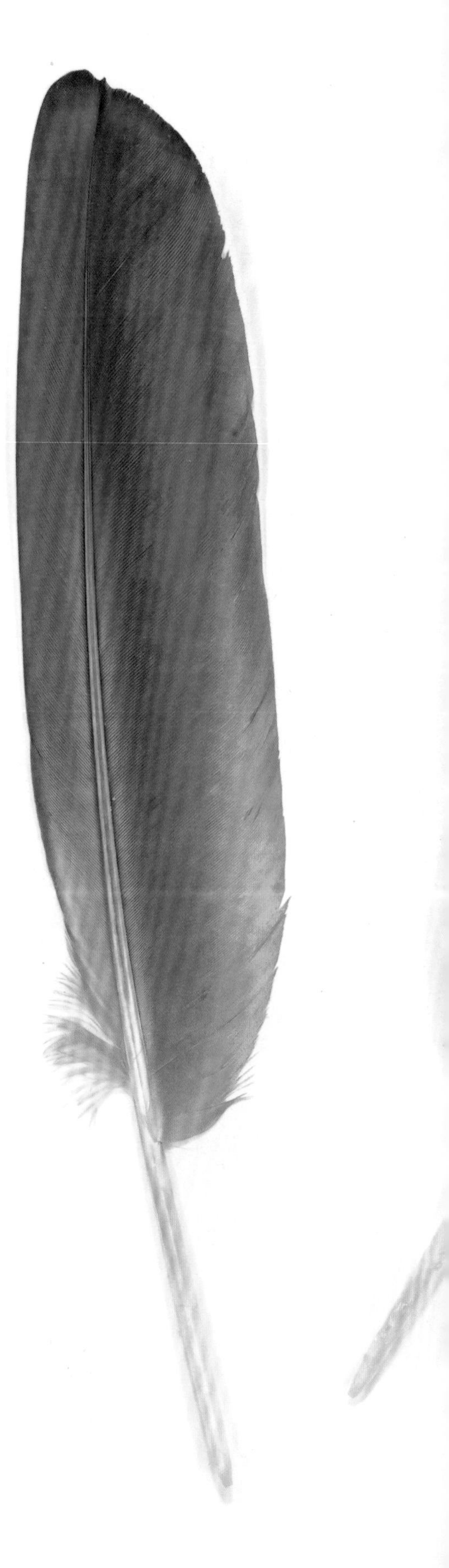

【 金剛鸚鵡類 】

照片中列出了各種金剛鸚鵡的尾羽。由上而下依序為藍黃金剛鸚鵡、紅綠金剛鸚鵡、緋紅金剛鸚鵡、紫藍金剛鸚鵡 、軍艦金剛鸚鵡、大綠金剛鸚鵡、紅額金剛鸚鵡。即使同屬金剛鸚鵡的成員，每種金剛鸚鵡也會透過羽毛表現出與眾不同的特徵。

【鷹頭鸚鵡】（第62頁）

英文名稱：Red-fan Parrot
學名：*Deroptyus accipitrinus*
分類：鸚形目鸚鵡科

分布於哥倫比亞、厄瓜多、秘魯至委內瑞拉、法屬圭亞那、巴西等地。照片中的羽毛為鷹頭鸚鵡興奮時會豎立起來的羽冠，十分特別。一般來說，會豎起羽冠的鳥，羽冠通常較細長，但鷹頭鸚鵡的羽冠卻又圓又短。雖說是羽冠，看起來卻比較像頸部周圍的羽毛豎立了起來。豎起羽冠的鳥，看起來通常會帥氣許多，不過我卻沒能感受到鷹頭鸚鵡的帥氣，應該不是只有我這樣吧？雖然這可能會惹怒喜歡鷹頭鸚鵡的人，但事實上，在某些特攝電影中出現的怪獸，就是參考了鷹頭鸚鵡的外觀。

【虹彩吸蜜鸚鵡】（第63頁）

英文名稱：Rainbow Lorikeet
學名：*Trichoglossus haematodus*
分類：鸚形目鸚鵡科

分布於包含新幾內亞島在內的美拉尼西亞、澳洲等廣大區域。正如名稱中的虹彩一般，是種外觀十分華麗的鳥，卻也是澳洲住宅區很常見的鳥。日本也有不少人把虹彩吸蜜鸚鵡當成寵物飼養。這種外觀如此華麗的鳥，飛羽與尾羽應該也很色彩繽紛才對，但其實這些羽毛的顏色相對樸實許多。

【 鸚鵡類 】

粉紅鳳頭鸚鵡（第64頁上方）、綠頰錐尾鸚鵡（第64頁下方）、金肩鸚鵡（第65頁）。

【 黑帶尾蜂鳥 】

英文名稱：Black-tailed Trainbearer
學名：*Lesbia victoriae*
分類：雨燕目蜂鳥科

分布於哥倫比亞、厄瓜多、秘魯等海拔2600～4000m的地區。特徵為綠色的身體與2根細長的尾羽。從喉嚨到胸部有著泛綠色光澤的羽毛（照片左方），十分搶眼。外側尾羽非常長，越往中間越短（照片右方）。尾羽末端帶有綠色的光澤。黑帶尾蜂鳥的短尾羽會疊在相鄰的長尾羽上，使尾羽末端的綠色光澤更為顯眼。

【 輝紫耳蜂鳥 】

英文名稱：Sparkling Violet-ear
學名：*Colibri coruscans*
分類：雨燕目蜂鳥科

分布於委內瑞拉、蓋亞那、哥倫比亞、厄瓜多、秘魯與玻利維亞、阿根廷等海拔1700～4500m的高地。屬於體型較大的蜂鳥，全身泛著綠色光澤。有著像是藍色耳朵般的飾羽（照片左上方）。當牠停下來時，這個耳朵的飾羽特別顯眼。

【 紫喉加利蜂鳥 】

英文名稱：Purple-throated Carib
學名：*Eulampis jugularis*
分類：雨燕目蜂鳥科

分布於瓜地洛普島、聖露西亞等，從背風群島到向風群島，海拔800～1200m的地區。屬於體型較大的蜂鳥。飛羽的綠色光澤也相當美麗，胸部的紅色羽毛（照片上方）為其特徵。紅色羽毛的顯色度較內斂，某些角度下看起來像是黑色，但從其他角度下觀看時，則會呈現出十分美麗的紅色。

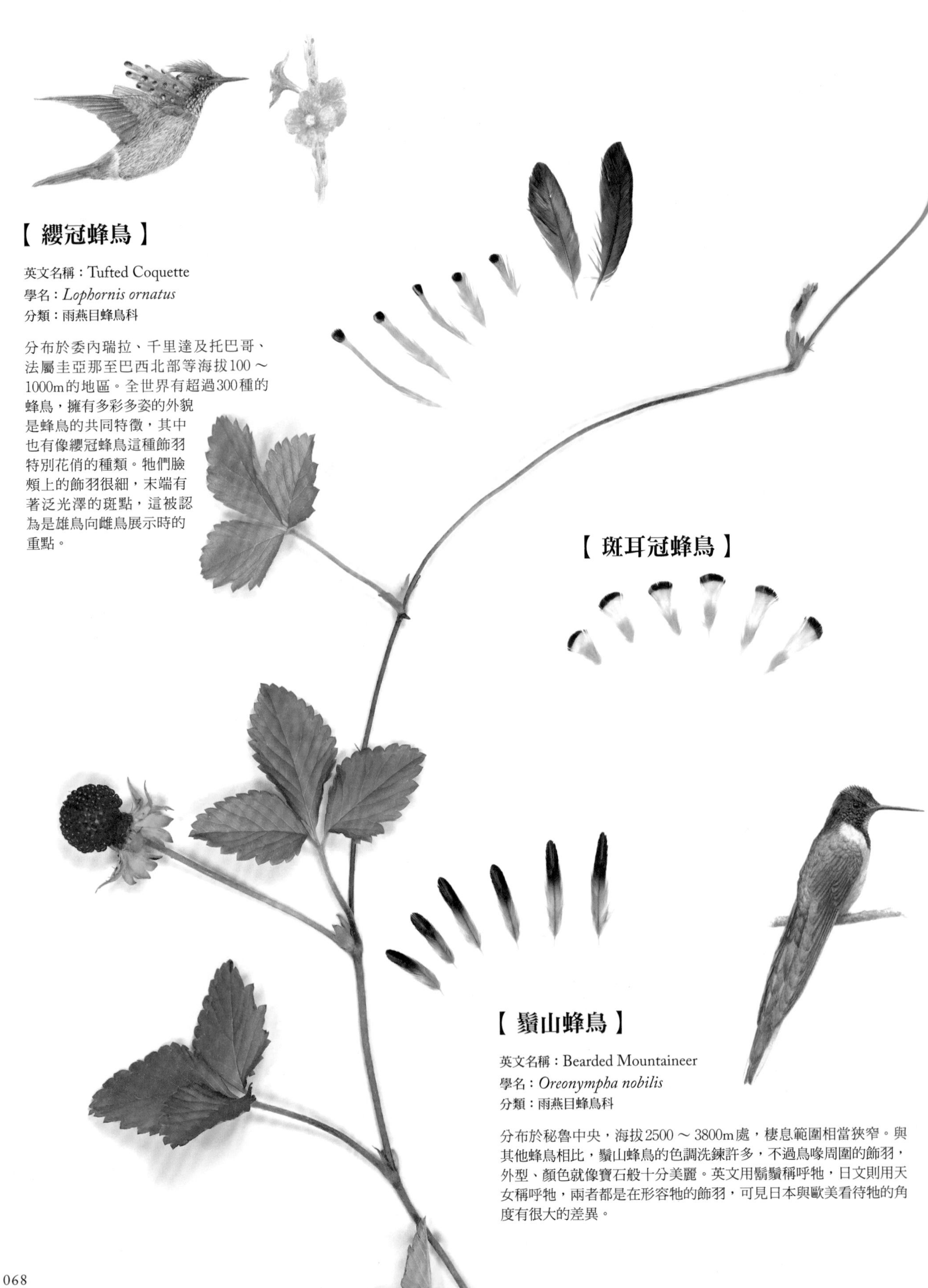

【 纓冠蜂鳥 】

英文名稱：Tufted Coquette
學名：*Lophornis ornatus*
分類：雨燕目蜂鳥科

分布於委內瑞拉、千里達及托巴哥、法屬圭亞那至巴西北部等海拔100～1000m的地區。全世界有超過300種的蜂鳥，擁有多彩多姿的外貌是蜂鳥的共同特徵，其中也有像纓冠蜂鳥這種飾羽特別花俏的種類。牠們臉頰上的飾羽很細，末端有著泛光澤的斑點，這被認為是雄鳥向雌鳥展示時的重點。

【 斑耳冠蜂鳥 】

【 鬚山蜂鳥 】

英文名稱：Bearded Mountaineer
學名：*Oreonympha nobilis*
分類：雨燕目蜂鳥科

分布於秘魯中央，海拔2500～3800m處，棲息範圍相當狹窄。與其他蜂鳥相比，鬚山蜂鳥的色調洗鍊許多，不過鳥喙周圍的飾羽，外型、顏色就像寶石般十分美麗。英文用髯鬚稱呼牠，日文則用天女稱呼牠，兩者都是在形容牠的飾羽，可見日本與歐美看待牠的角度有很大的差異。

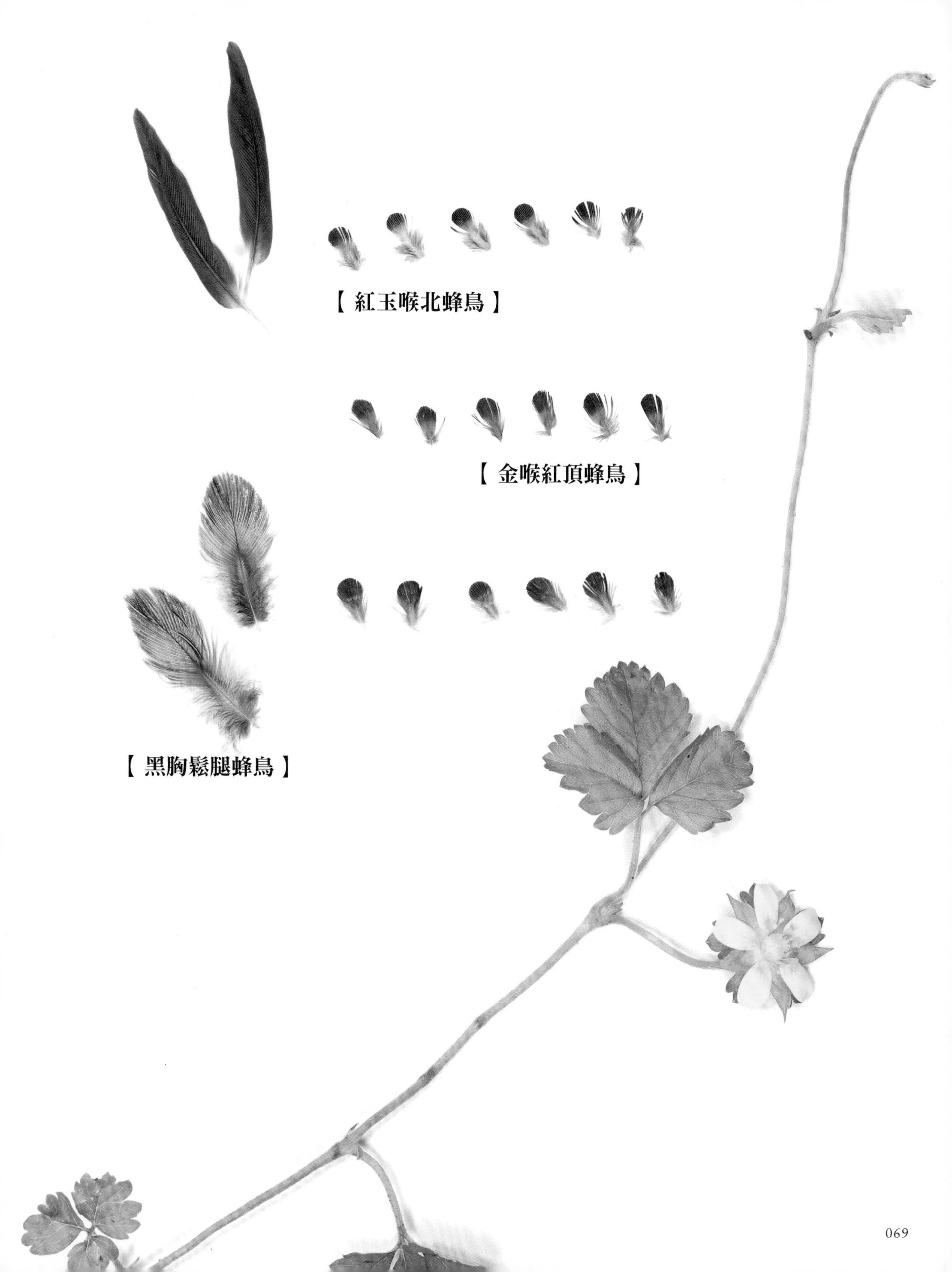
【紅玉喉北蜂鳥】
【金喉紅頂蜂鳥】
【黑胸鬆腿蜂鳥】

【 南方洋紅蜂虎 】

英文名稱：Southern Carmine Bee-eater
學名：*Merops nubicoides*
分類：佛法僧目蜂虎科

分布於非洲大陸中央、南部的廣大區域。細長尾羽為蜂虎的特徵，南方洋紅蜂虎的紅色細長尾羽十分美麗。蜂虎一如其名所示，以蜂為食。蜂虎的細長尾羽為中央尾羽，與家燕的燕尾不同，這讓牠們能夠在飛行時靈活轉彎。中央尾羽以外的其他尾羽則為一般長度，可以讓牠們在高速飛行時像雜技演員般扭轉身體，捕捉蜂類。牠們會聚集成群，在山崖上挖洞築巢。這些紅色的蜂虎在一整面崖壁上挖洞築巢的樣子，實在十分驚人。

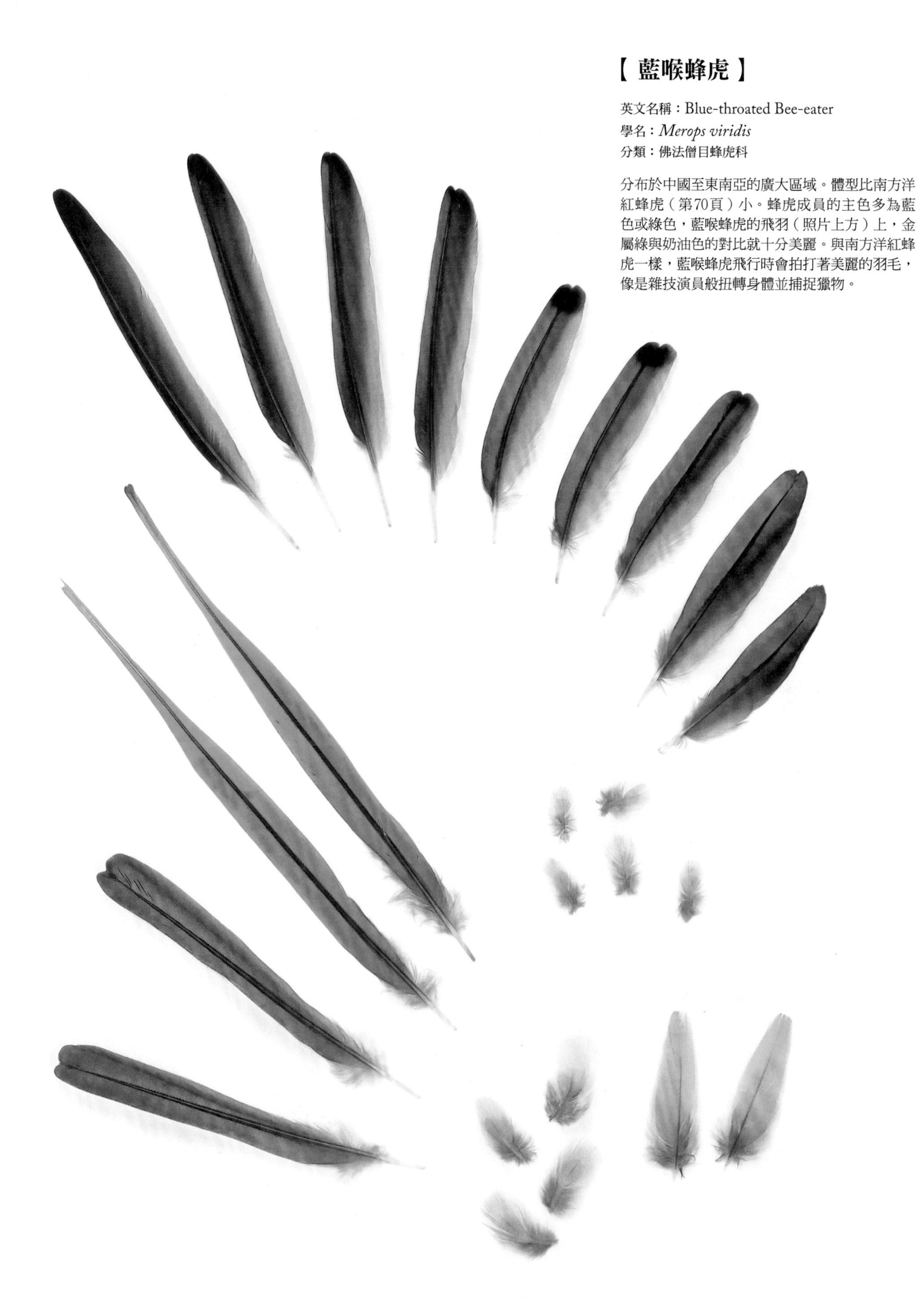

【藍喉蜂虎】

英文名稱：Blue-throated Bee-eater
學名：*Merops viridis*
分類：佛法僧目蜂虎科

分布於中國至東南亞的廣大區域。體型比南方洋紅蜂虎（第70頁）小。蜂虎成員的主色多為藍色或綠色，藍喉蜂虎的飛羽（照片上方）上，金屬綠與奶油色的對比就十分美麗。與南方洋紅蜂虎一樣，藍喉蜂虎飛行時會拍打著美麗的羽毛，像是雜技演員般扭轉身體並捕捉獵物。

【古德氏金鵑】

英文名稱：Gould's Bronze-Cuckoo
學名：*Chrysococcyx russatus*
分類：鵑形目杜鵑科

也有人認為牠是棕胸金鵑 *C. minutillus* 的亞種。棕胸金鵑分布於巴布亞紐幾內亞至印尼、菲律賓、馬來西亞、泰國等廣大區域，不過古德氏金鵑只分布在澳洲的昆士蘭。金鵑成員的羽毛都泛有金屬光澤，與其他杜鵑成員相比，色彩較豐富。古德氏金鵑的羽毛也擁有金屬光澤，尾羽上有著寶玉般的圖樣。雄鳥向雌鳥展示時，或許不會用到這些圖樣，卻也是相當美麗的羽毛。

column

自然界對羽毛的利用

羽毛從鳥類身上脫落之後，自然界會如何處理這些羽毛呢？可能有些人認為菌類會分解這些羽毛，成為土壤的養分。這個答案並沒有錯，但也不光是這樣。這些羽毛可能會被其他動物拿去利用。沒錯，鳥類脫落的羽毛，在自然界中也扮演著相當重要的角色。舉例來說，羽毛常見的用途就是作為鳥巢的材料，銀喉長尾山雀的巢就是代表性的例子。銀喉長尾山雀會築出圓形袋狀的巢，並大量撿拾周圍的羽毛放入巢中。5～6月走在山林中時，偶爾可以看到掉落在地面上的空巢，巢的主人早已離開，如果窺探鳥巢內部，可以看到各種羽毛堆疊在一起。其中甚至有貓頭鷹這類平常很少看到的鳥類羽毛，讓人不禁佩服牠們尋找羽毛的能力。銀喉長尾山雀可說是自然界中蒐集羽毛的冠軍。除了銀喉長尾山雀之外，還有許多鳥也會把羽毛當成築巢的材料，例如小雨燕、烏鴉類、家燕、金翅雀等。可見羽毛是相當貴重的資源。

接著讓我們換個角度來看看自然界對羽毛的利用。各位有聽過小鸊鷉這種鳥嗎？牠們會在水面上築起浮巢養育幼鳥，而且牠們善於潛水。小鸊鷉會吃鳥的羽毛。當然，牠們並不會拔掉自己的羽毛吃下，而是在看到水面上浮著小小的羽毛時，就會撿起來吃掉。在養育幼鳥時，牠們看到散落的羽毛就會撿回來餵食幼鳥。這或許能幫助牠們消化食物，許多小鸊鷉的近親也會這麼做。

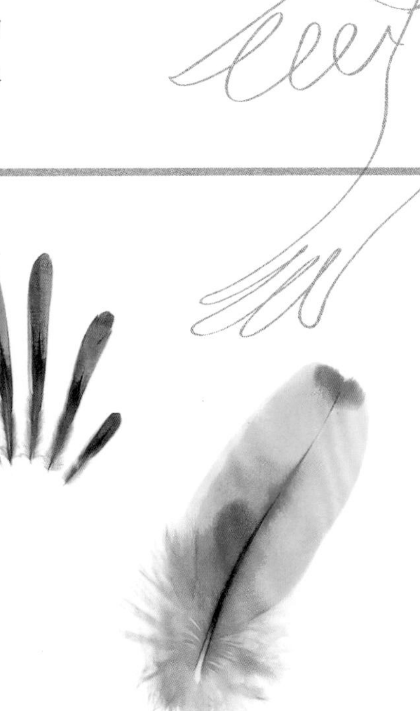

【 棕尾虹雉 】

英文名稱：Himalayan Monal
學名：*Lophophorus impejanus*
分類：雞形目雉科

分布於阿富汗、不丹、印度、西藏等地的喜馬拉雅山脈，海拔約2000～4500m的地方。在動物園的鳥類中，屬於人們比較熟悉的鳥，但野生個體很少。棕尾虹雉的美麗無需贅言，羽毛帶有金屬光澤，如同名稱中的虹字一般，身上披覆著色彩多樣的羽毛。羽冠（第74頁照片上方）也相當特殊，末端的羽枝較長，中間的羽枝很短，甚至可能只看得到羽軸，所以才會有照片中的那種樣子。雉類的雌鳥通常較不起眼，雄鳥則較為華麗繽紛。棕尾虹雉符合這樣的描述，而且棕尾虹雉的華麗程度，在雉類成員之中也是數一數二。

【 綠原雞 】

英文名稱：Green Junglefowl
學名：*Gallus varius*
分類：雞形目雉科

分布於爪哇島與周圍的群島。過去曾被認為是雞的祖先之一。雞類成員的羽毛具有豐富的多樣性，經過品種改良後，更是誕生了許多擁有美麗羽毛的雞。即使如此，綠原雞的羽毛之美仍不遜於其他品種改良後的雞。從肩膀到背部的細長羽毛帶有強烈的紅色光澤，邊緣則泛著淡淡的黃色。頸部周圍的鱗片狀羽毛有著金屬般的光澤與厚度，就像是在表現出野生種的驕傲。

【燕尾佛法僧】

英文名稱：Lilac-breasted Roller
學名：*Coracias caudata*
分類：佛法僧目佛法僧科

分布於非洲大陸東部至南部的廣大區域。如果問我覺得哪種鳥的羽毛最美，我一定會想到佛法僧類的成員。佛法僧擁有藍色的飛羽與尾羽，而且這些羽毛與其他羽毛有個有趣的差異。羽毛的藍色來自於結構色，一般表面為藍色的羽毛，背面通常會是黑色或灰色。不過，佛法僧的羽毛兩面都是藍色。為什麼會這樣呢？請各位先看看照片上的飛羽（下方7根）。水藍色部分以外的末端區域，可以分成藍色部分與黑色部分。黑色部分的背面為藍色，藍色部分的背面為黑色。在翅膀展開時，這個黑色部分會被其他羽毛遮住，從外面看不到這個部分，所以不需要顏色。背面也一樣。也就是說，在佛法僧飛翔時，不管從哪一面觀看，羽毛都是藍色。而在佛法僧類的成員中，最美麗的就是這個燕尾佛法僧。牠有著像是家燕般的細長尾羽，喉嚨處則有淡紫色的羽毛（第78頁照片上方），進一步凸顯出藍色羽毛的魅力。

【 長尾闊嘴鳥 】

英文名稱：Long-tailed Broadbill
學名：*Psarisomus dalhousiae*
分類：雀形目闊嘴鳥科

主要分布於尼泊爾至孟加拉、緬甸、中國南部、東南亞等廣大區域。可愛的臉與細長的尾羽為牠的特徵。細長尾羽、黃色眉羽的顏色與外型都相當美麗，不過最顯眼的應該是飛羽。飛羽的外瓣十分顯眼，鈷藍的顏色就像翠鳥背部至腰部的羽毛一樣。合起翅膀時，這種鈷藍色並不怎麼顯眼，但觀察單一根羽毛時，兩面的鈷藍色都一樣鮮豔明亮。我第一次看到這種鈷藍色時，就被它的美麗震懾不已。

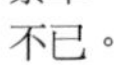

【 綠闊嘴鳥 】

英文名稱：Green Broadbill
學名：*Calyptomena viridis*
分類：雀形目闊嘴鳥科

分布於泰國至馬來半島、蘇門答臘島、婆羅洲等地。闊嘴鳥的成員大多如同其名，鳥喙較寬，不過綠闊嘴鳥的喙被羽毛擋住，乍看之下不像闊嘴鳥。牠的喙隱約可見，小小圓圓的樣子，看起來不像是闊嘴鳥的喙，但很可愛。除此之外，牠的身體為螢光綠色，十分鮮豔，深深吸引著觀賞者的目光。綠闊嘴鳥的羽毛幾乎不需任何說明，我想說的是，只要看了就知道！總之就是很美！只說是美麗的綠色，聽起來可能有些普通，但這是我看過最美麗的綠色。如果這種綠色出現在森林中，可以與樹木融合並形成保護色。

【金翅花蜜鳥】

英文名稱：Golden-winged Sunbird
學名：*Nectarinia reichenowi*
分類：雀形目太陽鳥科

分布於非洲大陸的剛果至烏干達、肯亞、坦尚尼亞等地。為太陽鳥（也叫做花蜜鳥）的代表性物種之一。太陽鳥的外表多為鮮豔的紅色與黃色，除此之外，金翅花蜜鳥的細長尾羽與飛羽上還有細緻的黃色花紋，背部的羽毛（照片上方）則一如其名稱，帶有一些金色。與其他太陽鳥相比，金翅花蜜鳥的配色有些不同，卻帶有獨特的風格。如果要寫書介紹鳥的羽毛，就一定要提到太陽鳥；如果要介紹太陽鳥，就一定要提到金翅花蜜鳥。所以藉此機會在這本書中介紹了太陽鳥的羽毛，這是我最喜歡的羽毛之一。

【長尾銅花蜜鳥】

英文名稱：Bronze Sunbird
學名：*Nectarinia kilimensis*
分類：雀形目太陽鳥科

分布於非洲大陸的中部至南部，包括衣索比亞、剛果、肯亞、坦尚尼亞、莫三比克、安哥拉等地。牠有著名副其實的外觀，其實這樣就介紹得差不多了。不過我覺得牠細長的尾羽與青銅色的背部羽毛十分有魅力。即使只看太陽鳥的成員，長尾銅花蜜鳥也算是尾羽較長的類群。尾羽看起來黑黑的，沒什麼顏色（照片下方），不過黑色可以襯托其他有光澤的羽毛使其更加顯色，讓背部的青銅色羽毛更為顯眼。當牠沐浴在野外的陽光下時，背部羽毛可呈現出鮮豔的顏色。

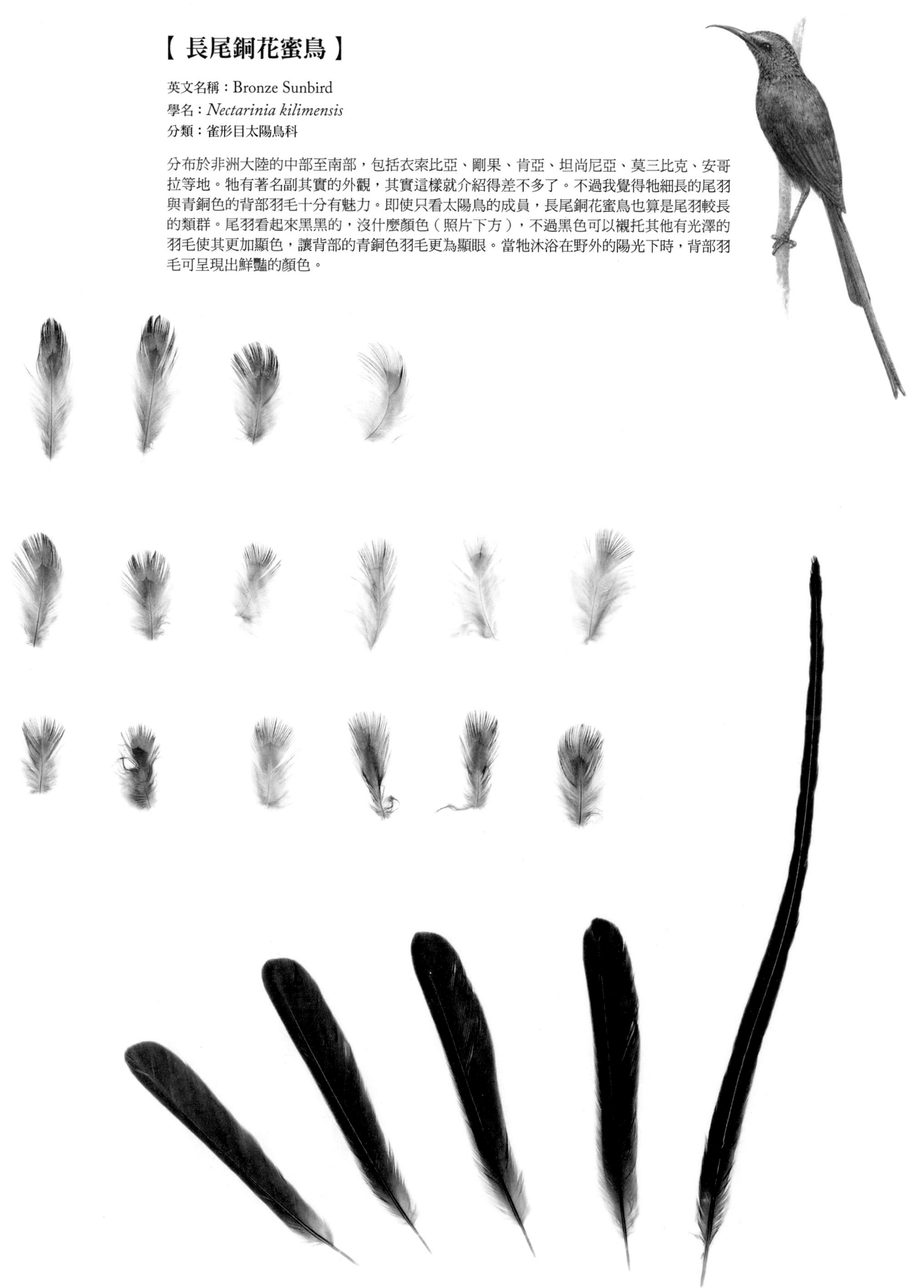

【 赤紅太陽鳥 】

英文名稱：Scarlet Sunbird
學名：*Aethopyga mystacalis*
分類：雀形目太陽鳥科

分布於印尼的爪哇島。要介紹太陽鳥的話，就絕對不能漏了這個身體豔紅、尾羽亮麗的物種。這可以說是最符合人們對太陽鳥的印象的物種。下方介紹的藍喉太陽鳥也有同樣的特徵，不過相對於尾羽有著藍紫色光澤的藍喉太陽鳥，赤紅太陽鳥的尾羽則泛著紫色光澤，十分美麗。頭部、喉部的深紅色羽毛與尾羽的光澤十分相襯。

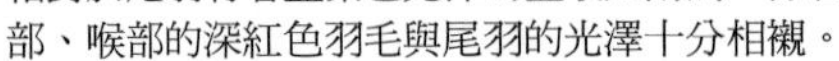

【 藍喉太陽鳥 】

英文名稱：Gould's Sunbird
學名：*Aethopyga gouldiae*
分類：雀形目太陽鳥科

藍喉太陽鳥的不同亞種，羽毛顏色也各不相同。這裡要介紹的是胸部為紅色到黃色的漸層，分布於中國至西藏、泰國的亞種。尾羽、腰、頭部與喉都覆蓋著藍紫色光澤的羽毛，身體上則覆蓋著黃色羽毛，相當鮮豔，背部的深紅色與胸部一帶的亮紅色十分相襯。

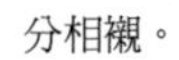

【 太陽鳥類 】

叉尾太陽鳥（照片上方、中央）與青銅太陽鳥（照片下方）。

column

有毒的羽毛

國外有些鳥的羽毛上有毒。例如棲息於新幾內亞的林鵙鶲即為一例。林鵙鶲為易變林鵙鶲與黑頭林鵙鶲等的總稱。林鵙鶲的羽毛上有一種名為高箭毒蛙鹼（Homobatrachotoxin）的類固醇生物鹼，此為神經毒之一，與箭毒蛙身上的毒為同類毒素。牠們本身不會製造毒素，應該是吃下含有毒的甲蟲後，毒素累積在羽毛中。

另一方面，中國有種傳說中的毒鳥叫做鴆，鴆的羽毛可用來當作暗殺工具。有人認為鴆就是林鵙鶲，不過林鵙鶲的毒性是來自食物，要在讓其保持毒性的條件下飼養牠們可不是件簡單的事。考慮到這點，可聯想到許多可能性，例如古代人可能是以人工製作的毒羽毛下毒，或者鴆這種鳥在中國已經滅絕，又或是鳥本身沒有絕種，作為毒性來源的食物卻絕種了。順帶一提，日本並沒有羽毛含毒的鳥類，不過以前製作鳥類的剝製標本時，常會使用砒霜作為防腐劑，所以看到以前的羽毛剝製標本時，請注意不要去舔它！

【朱鷺】

英文名稱：Crested Ibis
學名：*Nipponia Nippon*
分類：鸛形目䴉科

僅分布於中國陝西省與日本的佐渡島（人工飼養）。羽毛的顏色就叫做朱鷺色，清淡而美麗。這種朱鷺色源自食物中的類胡蘿蔔素，若餵食不含類胡蘿蔔素的食物，羽毛便會呈現白色，這點與紅鶴類似。除了朱鷺色之外，朱鷺還有個值得一提的特徵，那就是羽毛在繁殖期會轉變成黑色。牠們會在從高空俯瞰時較容易看到的地方築巢，如果披著朱鷺色的羽毛孵卵，相當容易被發現。所以雌雄個體都會為了偽裝而大變身。當牠們處於繁殖期時，皮下的分泌物會讓頸部附近的皮膚發黑，使皮膚轉變為蠟狀並逐漸剝離。此時牠們會用頸部摩擦身體，將皮膚上的物質塗抹在身體。於是，頸部搆得到的身體部位會變成黑色，從高空俯瞰時會變得較不顯眼（第86頁）。有些鳥類會主動為羽毛著色，例如用尾脂腺分泌的油脂使羽毛的顏色暫時變淡，沙丘鶴還會將含有鐵質的泥土塗在身上。不過會像這樣分泌有色物質並塗在身上的鳥，全世界就只有朱鷺一種。

【八色鳥】

英文名稱：Fairy Pitta
學名：*Pitta nympha*
分類：雀形目八色鶇科

於日本、韓國、中國、台灣等地繁殖，在婆羅洲過冬的候鳥。之所以叫做八色鳥，是因為身上有許多顏色。稱其為八色而非七色，似乎是愛鳥人士們的堅持。實際觀察八色鳥的話，可以看到牠的身上有白色、褐色、黑色、鈷藍、藍色或藍綠色、綠色、紅色，再加上眉斑、胸部與腹部一帶泛有淡綠光澤的奶油色，可以輕易觀察到8個顏色。如果觀察得更仔細一些，可以發現更多顏色。各位能看到幾種顏色呢？八色鳥的英文名稱為妖精的意思。看來不管是英文名稱還是中文名稱，都想表現出八色鳥的美麗之處。

【 藍尾八色鶇 】

英文名稱：Banded Pitta
學名：*Pitta guajana*
分類：雀形目八色鶇科

分布於馬來半島至印尼的蘇門答臘島、婆羅洲、爪哇島、峇里島等地，各亞種的顏色十分多樣。這裡介紹的是分布於爪哇島與峇里島的亞種。腰部為鈷藍色是八色鳥的一大特徵，藍尾八色鶇的外型雖與八色鳥相同，腰部卻沒有鈷藍色的羽毛，在顏色上有很大的差異。尾羽末端尖銳，顏色為藍色，光是這點就與日本的八色鳥有很大的不同。日文名稱為黃眉條紋八色鳥，主要是來自牠胸部上的條紋。胸部條紋上的羽毛可能為黃色與藍紫色相間，或是黃色與黑色相間，十分美麗。這些有條紋圖樣的羽毛，構成了藍尾八色鶇身上的美麗斑紋。

【和平鳥】

英文名稱：Asian Fairy-bluebird
學名：*Irena puella*
分類：雀形目和平鳥科

分布於印度至東南亞的廣大區域。英文名稱意為妖精般的青鳥，就像帶來幸福的青鳥給人的印象一樣，是十分美麗的鳥。和平鳥僅體表覆羽為藍色，飛羽及尾羽則不是藍色，就像穿戴著藍色羽毛作為裝飾一樣。牠們的藍色羽毛之所以有種厚重的質感，原因在於每根羽毛的結構。羽毛上的藍色羽枝比一般羽枝還要粗（第187頁），所以才能呈現出這種與眾不同的藍色。

【冠藍鴉】

英文名稱：Blue Jay
學名：*Cyanocitta cristata*
分類：雀形目鴉科

松鴉（第93頁）主要分布於亞洲至歐洲的廣大區域，有時候會被稱為Blue Jay。不過說到物種上的Blue Jay時，指的則是冠藍鴉，分布於美國至加拿大的廣大區域。冠藍鴉有著藍黑相間的羽毛，與末端的白色形成絕妙的平衡，十分美麗。日本也看得到松鴉，而且美麗程度並不輸給冠藍鴉。日本松鴉的羽毛有著由藍到白的明顯漸層，讓人為之驚嘆。我在山裡看到牠們的羽毛時，一定會撿起來觀察。日本松鴉的尾羽乍看之下是黑色，但仔細一看會發現淡淡的藍色條紋。各位覺得美國的冠藍鴉和歐亞大陸的松鴉，哪個比較美呢？

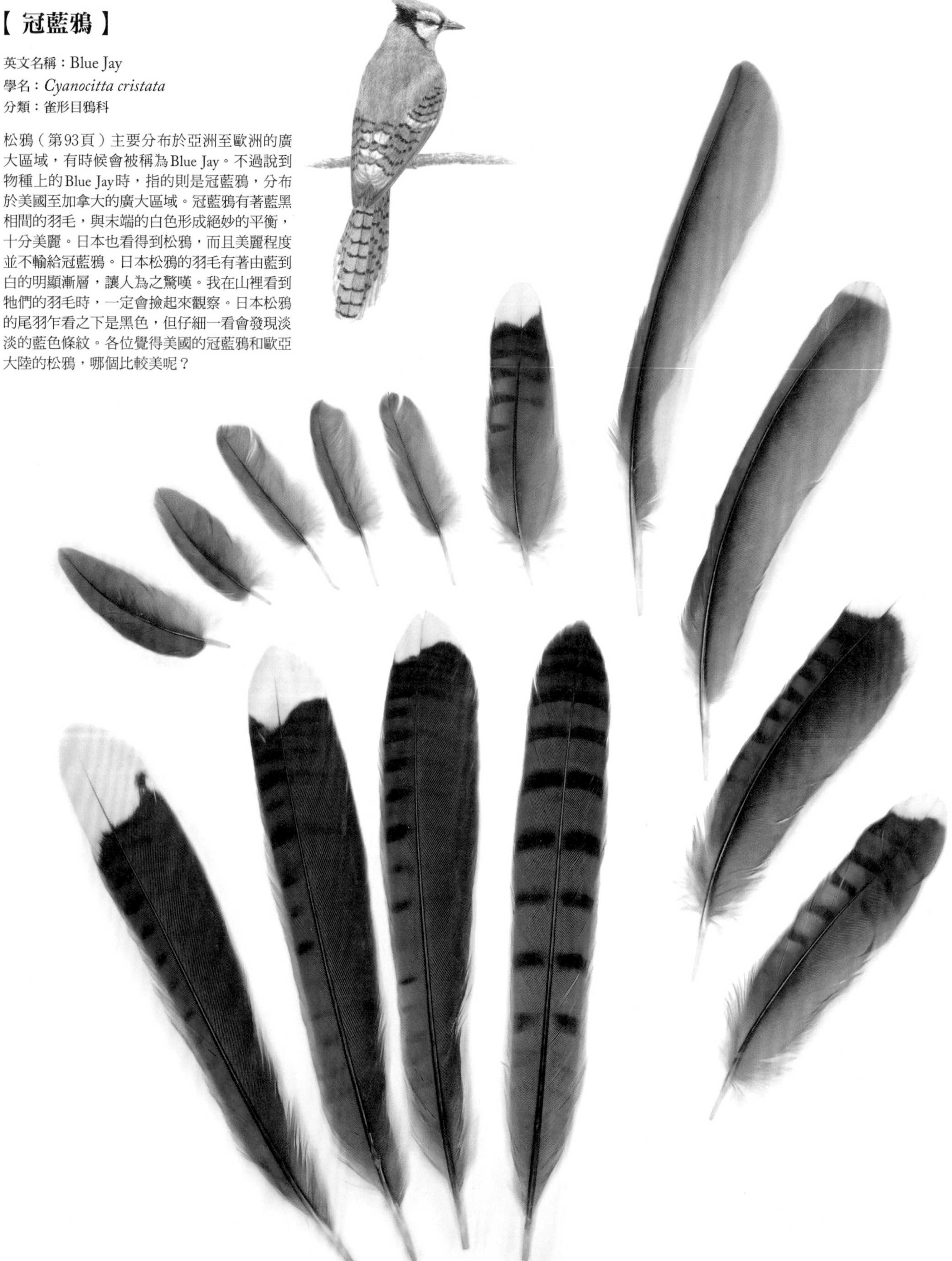

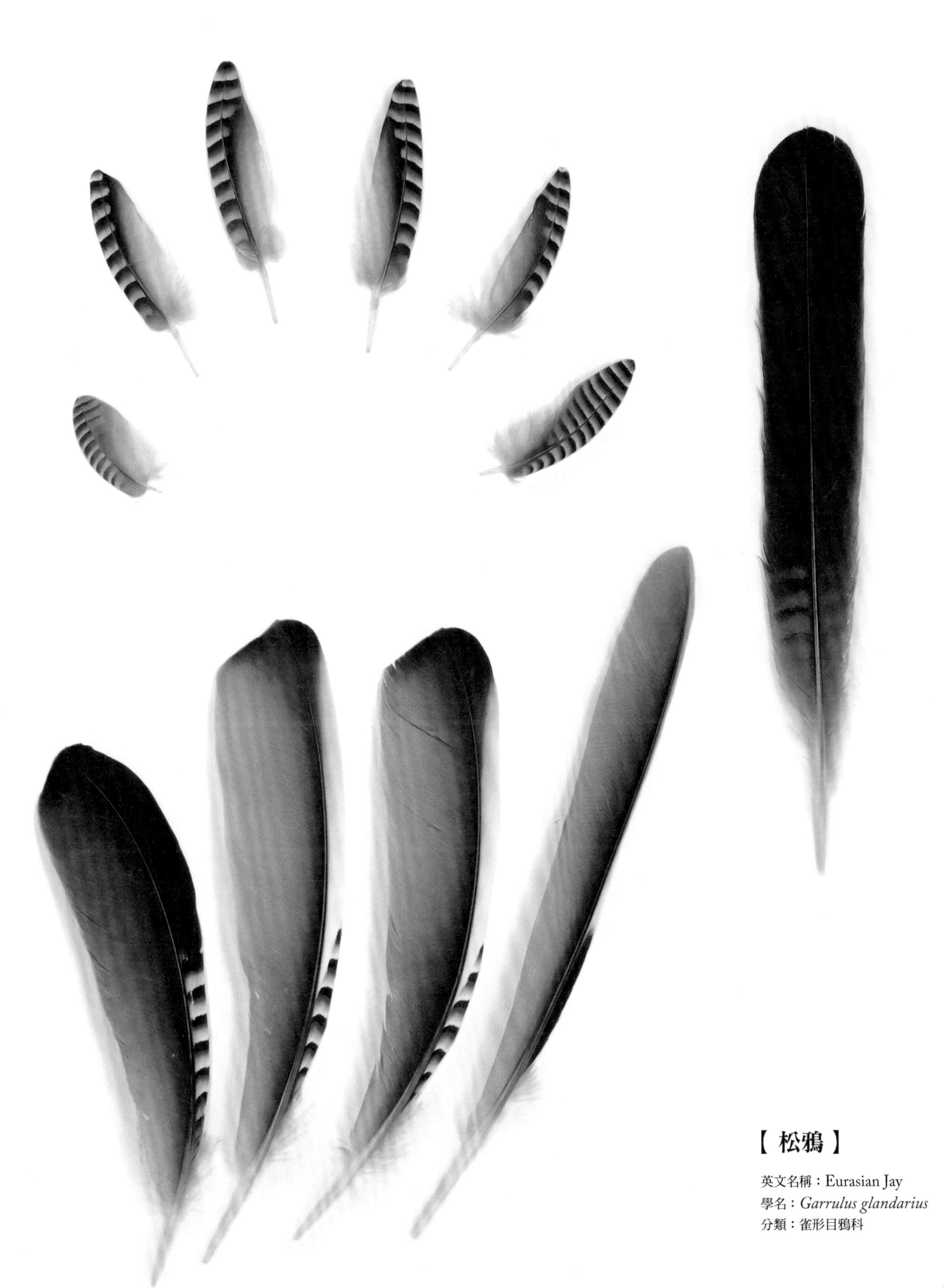

【 松鴉 】

英文名稱：Eurasian Jay
學名：*Garrulus glandarius*
分類：雀形目鴉科

【 金胸麗椋鳥 】

英文名稱：Golden-breasted Starling
學名：*Cosmopsarus regius*
分類：雀形目椋鳥科

主要分布於非洲大陸的衣索比亞、索馬利亞、肯亞、坦尚尼亞等地。在麗椋鳥類的成員中，擁有華麗外表的物種並不少，不過金胸麗椋鳥可說是其中之最。金胸麗椋鳥擁有綠色的頭、紫色的胸、藍色的背、由藍到紫的漸層翅膀、黃色腹部，以及細長的苔綠色尾羽。不僅如此，金胸麗椋鳥還擁有華麗的飾羽。即使麗椋鳥類的成員大多都擁有美麗的羽毛，但金胸麗椋鳥的美麗程度則超越了其他麗椋鳥。在非洲，看到麗椋鳥的機會比想像中還要多。不過每當我看到麗椋鳥時，都對其華麗羽毛的用途百思不得其解。作為欣賞者，只覺得牠們的羽毛美得讓人沉醉。

【 栗頭麗椋鳥 】

英文名稱：Superb Starling
學名：*Lamprotornis superbus*
分類：雀形目椋鳥科

分布於非洲大陸的蘇丹、烏干達、衣索比亞、索馬利亞、肯亞、坦尚尼亞等地。與金胸麗椋鳥（第94頁）同屬於麗椋鳥的代表性物種。英文名稱與學名皆含有super這個字，而牠們也確實不愧於這樣的名字。雖然栗頭麗椋鳥不像金胸麗椋鳥擁有多種色彩，不過牠們的胸部有白色圓環（照片右上方），這也是牠們的日文名稱（月輪麗椋鳥）由來，覆羽末端的美麗斑點也不輸給金胸麗椋鳥。

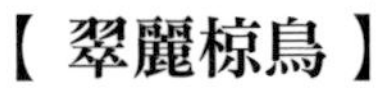

【翠麗椋鳥】

英文名稱：Iris Glossy Starling
學名：*Coccycolius iris*
分類：雀形目椋鳥科

分布於非洲大陸的幾內亞、獅子山、象牙海岸的局部區域。牠們的羽毛帶有綠色的金屬光澤，是麗椋鳥類的成員中，金屬光澤最美麗的鳥。臉部與腹部的紫色可凸顯出其他部位的翠綠色。即使是單一根羽毛，金屬光澤也相當醒目。我常覺得，如果日本有翠麗椋鳥的話，應該會很有趣吧。雖然翠麗椋鳥完全不適合在日本的環境中生存，但我常會不自覺地想像，牠們的鳥巢底下或許散落著許多翠綠色的羽毛。

【紅黃擬啄木鳥】

英文名稱：Red-and-yellow Barbet
學名：*Trachyphonus erythrocephalus*
分類：鴷形目非洲鬚鴷科

分布於非洲大陸的衣索比亞至蘇丹、烏干達、索馬利亞、肯亞、坦尚尼亞等地，日文名稱為長尾紅頰五色鳥。五色鳥類的成員如同名稱所示，體表有許多顏色，紅黃擬啄木鳥也是如此。不過紅黃擬啄木鳥有個與眾不同的地方，那就是牠們的頭特別大，看起來比較聰明。此外，紅黃擬啄木鳥的體表色彩相當豐富，在五色鳥的成員中也屬於色彩特別繽紛的一員。尾羽、飛羽、胸部到背部的羽毛為黑白相間的圖樣，容易讓人聯想到啄木鳥。從臉到腹部則是極為美麗的紅色與黃色。臉部周圍的紅色羽毛（照片左上方）有著鮮明的光澤，像是會發出光芒一樣。

column

三千里尋羽

日本篇

尋找羽毛是一件很快樂的事。找到想要的羽毛時，就像發現寶藏一樣充滿喜悅。從學生時代起，我就有在撿拾羽毛。我已經不記得第一個撿拾到的是哪種鳥的羽毛，但我還記得當我在山中看到松鴉時，總會期待能夠在附近看到松鴉掉落的漂亮羽毛，並在周圍搜尋好一陣子。不知不覺中，便迷上了這個活動。現在我已能輕易發現松鴉（第93頁）的羽毛，不過我仍然一樣喜歡它們，每次發現這些羽毛時都會開心地笑出來。松鴉飛得不快，我看到牠們被蒼鷹等猛禽攻擊，許多羽毛會在掙扎時脫落、散落一地。這些散落的羽毛叫做「食痕」。後來我逐漸瞭解到，如果要蒐集羽毛，尋找這些食痕是個效率很高的方法。狀況好的話，短時間內便可蒐集到一隻鳥的羽毛分量。

有時當我走在山林中，便會試著從老鷹的角度思考食痕可能存在的位置。當我覺得老鷹可能會在某個山坡捕食小鳥，就會爬上那個山坡，如果正如所料發現了食痕，我就會擺出勝利姿勢，喊出「好耶！」我曾經在一天之內發現了50個以上的食痕。講到羽毛的話題，就會不小心炫耀起過去的事蹟，就像現在這樣。最近，我曾因為工作而到三得利的「天然水之森」撿拾羽毛。在我邊走邊調查時，常會大喊「這裡有羽毛！那裡也有！」而把工作放在一邊，專心地撿拾羽毛。同行者往往會露出放棄的眼神說：「這樣根本沒有時間去記植物。」同行者常常會表現出希望我能夠記住植物名字的態度，然而當我走在山路上時，總會不自覺地開始尋找起羽毛，我實在沒辦法控制啊！

column

三千里尋羽

要滿足撿拾羽毛的興趣，當然要到國外去看看。依照法律規定，一般大多無法帶回羽毛。不過光是想像撿到的是哪種鳥的羽毛就很有趣了，或者該說撿拾羽毛本身就很開心。至少我待在國外的時候，一定會蒐集各種羽毛！印象最深刻的是我在非洲的時候。我曾去過棲息著許多紅鶴的納庫魯湖，但紅鶴離我們很遠。同行的人為了看得更清楚，紛紛試著靠近紅鶴，但我在意的卻是散落在泥灘上無數的紅鶴羽毛，沉浸在撿拾羽毛的世界中。回過神時，其他人已經看完紅鶴回來了，最後我只看到了圓點大小的紅鶴，但我還是樂在其中，不覺得後悔。我曾在莽原搭起帳篷過夜，早晨起床時到處尋找羽毛，卻被嚮導怒罵了一頓。畢竟不清楚四周是否潛藏著什麼動物，這樣的行為似乎相當危險。我去其他國家的時候也會試著尋找各種羽毛，但不是每次都能找到。

最失敗的一次是在立陶宛。當時我再怎麼找也找不到羽毛。即使我努力尋找，也只找到小嘴烏鴉的羽毛（淚）。「因為鳥會換羽，所以有鳥的地方就一定會有羽毛掉落」。一直以來，我都秉持著這樣的想法，也持續找到了許多羽毛，卻在立陶宛慘敗。現在回想起來，該不會是我在立陶宛時碰上了同樣喜歡撿羽毛的同好，而我想要的羽毛都被對方撿走了吧⁉不，這種事應該不可能吧‼

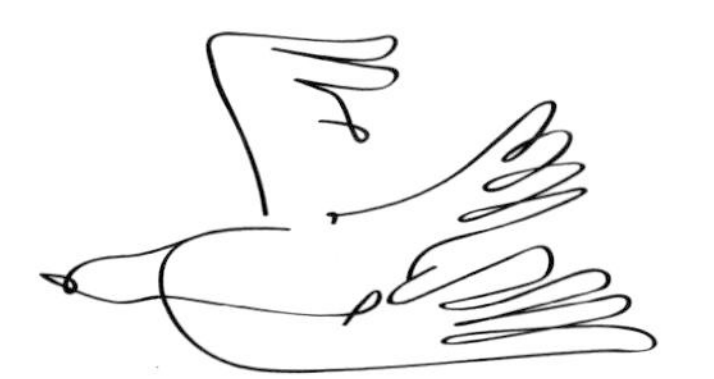

#03 : s h a p e 形狀

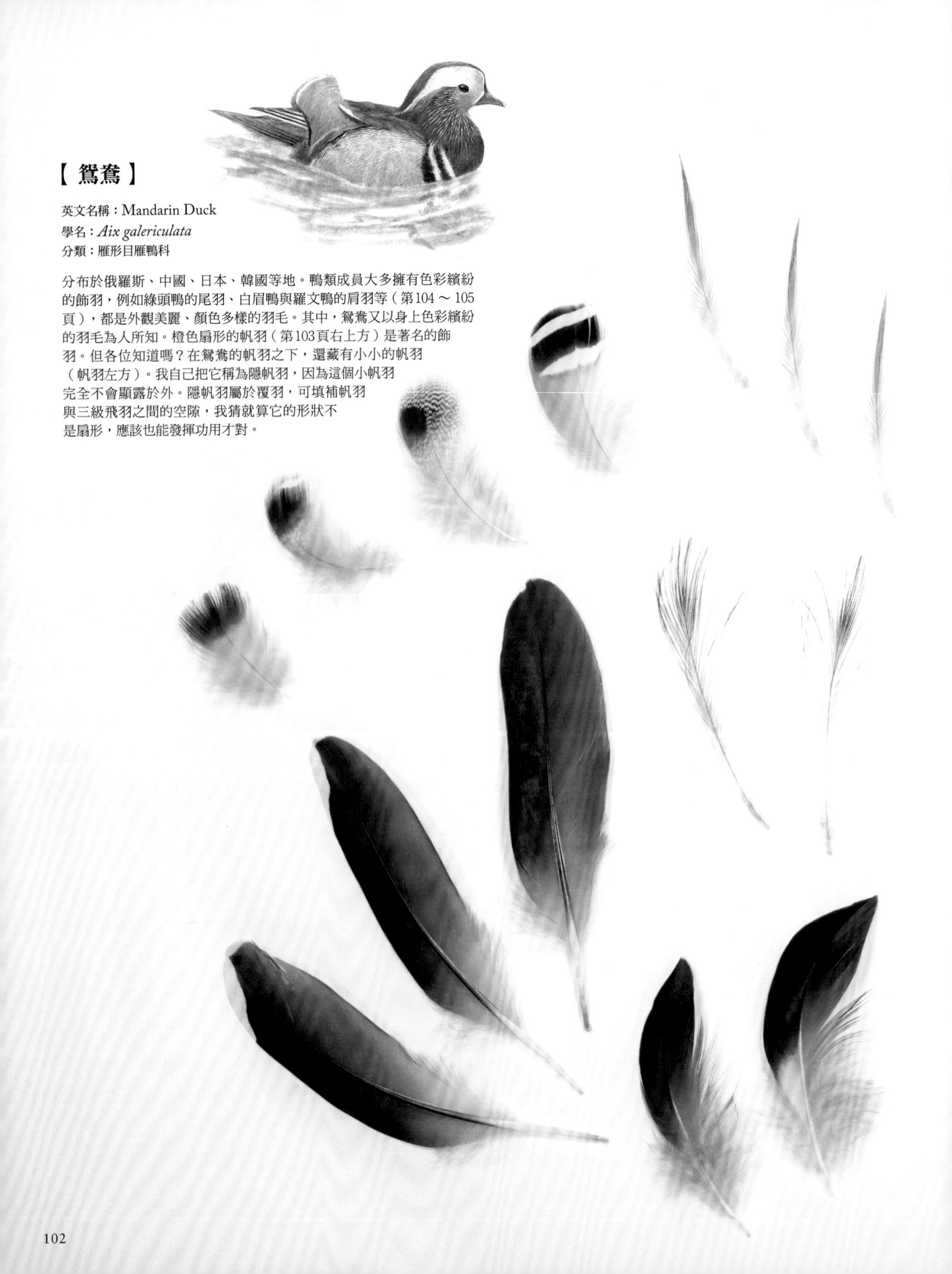

【 鴛鴦 】

英文名稱：Mandarin Duck
學名：*Aix galericulata*
分類：雁形目雁鴨科

分布於俄羅斯、中國、日本、韓國等地。鴨類成員大多擁有色彩繽紛的飾羽，例如綠頭鴨的尾羽、白眉鴨與羅文鴨的肩羽等（第104～105頁），都是外觀美麗、顏色多樣的羽毛。其中，鴛鴦又以身上色彩繽紛的羽毛為人所知。橙色扇形的帆羽（第103頁右上方）是著名的飾羽。但各位知道嗎？在鴛鴦的帆羽之下，還藏有小小的帆羽（帆羽左方）。我自己把它稱為隱帆羽，因為這個小帆羽完全不會顯露於外。隱帆羽屬於覆羽，可填補帆羽與三級飛羽之間的空隙，我猜就算它的形狀不是扇形，應該也能發揮功用才對。

【 鴨類 】

包括羅文鴨、小水鴨、白眉鴨、琵嘴鴨、唐秋沙（以上為第104頁），以及綠頭鴨、尖尾鴨、赤頸鴨、帆背潛鴨、赤膀鴨（以上為第105頁）。

【 髮冠卷尾 】

英文名稱：Hair-crested Drongo
學名：*Dicrurus hottentottus*
分類：雀形目卷尾科

主要分布於中國至印度、東南亞等廣大區域。是日本也有的大卷尾的近親。特徵是會讓人聯想到飛機尾翼的尾羽。因為羽軸帶有一點弧度，才會形成照片中看到的這種形狀。這種形狀的尾羽是大卷尾近親的特徵之一，而髮冠卷尾的這項特徵又特別顯著。另外，作為名稱由來的羽冠（第107頁照片中央）也相當有趣。因為有這樣的羽冠，讓牠少了一點霸氣，多了一點時髦感。羽冠只剩下羽軸，羽枝與羽小枝皆退化，剩下的羽軸非常細，就像頭髮一樣。英文和中文名稱都有用到頭髮這個字。比起日文名稱的「帽冠卷尾」，英文和中文名稱的描述更為貼切。

【 小盤尾 】

英文名稱：Lesser Racket-tailed Drongo
學名：*Dicrurus remifer*
分類：雀形目卷尾科

主要分布於印度北部至中國、東南亞等廣大區域。雖然飾羽沒有像大盤尾那麼大，不過和大盤尾一樣，尾羽中間缺乏羽枝，只剩下一根羽軸，末端則為橢圓形。不同亞種的小盤尾，飾羽末端的形狀略有不同。照片中為*D. r. remifer*的羽毛，分布於蘇門答臘島與爪哇島等地。

【大盤尾】

英文名稱：Greater Racket-tailed Drongo
學名：*Dicrurus paradiseus*
分類：雀形目卷尾科

主要分布於印度至東南亞等廣大區域。大盤尾的英文名稱，源自形狀如網球拍（racket）的尾羽。尾羽末端僅剩下內瓣的羽枝，中段則只剩下羽軸。而且牠們的尾羽也有著大卷尾類特有的曲線，呈現出帶有飄動感與立體感的飾羽。年輕個體的飾羽較短，所以飾羽的長度大概不能當作受歡迎程度的基準。乍看之下，這個飾羽的空氣阻力應該很大，不過牠們總是會在飛行時任其飄盪。

【 華麗琴鳥 】

英文名稱：Superb Lyrebird
學名：*Menura novaehollandiae*
分類：雀形目琴鳥科

僅分布於澳洲。華麗琴鳥最與眾不同的羽毛就是尾羽。牠們的尾羽有3種外型。第一種尾羽的羽枝很長，而且羽枝與羽枝的間隔很寬（照片右上方），是數量最多的尾羽，也是雄鳥向雌鳥展示時不可或缺的羽毛。第二種為棒狀的細長尾羽（照片左下方），一隻華麗琴鳥有一對這種尾羽。第三種尾羽則是琴鳥這個名稱的由來，如豎琴般彎曲的尾羽，一隻鳥有一對這種尾羽。這種尾羽最特殊的地方不只是形狀，還包括羽毛上的圖樣。尾羽上可以看到許多清楚的三角形圖樣，但這不是因為羽枝的顏色不同，而是因為有些羽枝與羽枝間有羽小枝，有些沒有，造成了顏色差異，進而形成羽毛上的圖樣。雄鳥在向雌鳥展示時，便會盡情地伸展這些尾羽。

【白翅紫傘鳥】

英文名稱：Pompadour Cotinga
學名：*Xipholena punicea*
分類：雀形目傘鳥科

分布於哥倫比亞至法屬圭亞那地區、巴西的亞馬遜地區等地。牠們的紫色覆羽（第112頁）十分奇特。由羽軸伸出的羽枝帶有一點弧度，可形成硬筒狀。如插圖所示，牠們的翅膀上有許多這種筒狀的飾羽，很難想像這種飾羽能用在攻擊其他動物，或者用於其他活動，不像是具有任何機能，看起來也不像是為了融入自然環境而做的偽裝。所以這應該只是單純的裝飾，是雄鳥向雌鳥展示時使用的飾羽吧。那麼，筒狀羽毛越大就越受歡迎嗎？牠們全身都是紫色，覆羽之外的羽毛也帶有紫色。這樣就已經很美麗了，為什麼還會有筒狀羽毛呢？這點讓人難以理解，羽毛本身也相當耐人尋味。

【阿法六線風鳥】

英文名稱：Western Parotia
學名：*Parotia sefilata*
分類：雀形目極樂鳥科

分布於新幾內亞島。正如牠的日文名稱「簪風鳥」一樣，頭上有著像髮簪般的飾羽。腋部的長羽毛（第115頁下方）可像裙襬般張開、收合。牠們會一邊跳舞，一邊擺動像髮簪一樣的飾羽，以及腋部的長羽毛，看起來實在不像一般的鳥。胸部的羽毛十分特別，就像項鍊一樣鋪滿整個胸前。這些羽毛較硬且泛著金黃色光輝。初級飛羽的末端又細又尖（第114頁右下方），但至今仍不曉得具有什麼功用。或許這些羽毛是雄鳥在向雌鳥展示之際，用於表現出好像披上斗篷的樣子。

【 華美風鳥 】

英文名稱：Superb Bird-of-paradise
學名：*Lophorina superba*
分類：雀形目極樂鳥科

分布於新幾內亞島。極樂鳥類會利用牠們的飾羽變身成獨特的模樣。其中，華美風鳥的變身術更是讓人驚嘆。牠們的喉部到胸部長有翠綠色的細長羽毛（第116頁），頭部後方則伸出細長的黑色扇形羽毛（第117頁上方）。當牠們將這種黑色羽毛往前伸，展示臉部周圍的翠綠色羽毛斑點時，看起來就像是外星人在微笑一樣。實在令人難以想像會被這種圖樣迷倒的雌鳥到底是怎麼想的，可能是被催眠了吧。

【王風鳥】

英文名稱：King Bird-of-paradise
學名：*Cicinnurus regius*
分類：雀形目極樂鳥科

廣泛分布於新幾內亞島。是我最喜歡的鳥類之一。王風鳥尾巴上的圓盤狀羽毛叫做玫瑰羽，形狀就和玫瑰一樣。從放大的照片中可以看出，玫瑰羽是由只有單側羽枝的羽毛捲成圓形而成的樣子，正是「羽毛是鳥類創作出來的藝術品」的最佳證據。玫瑰羽屬於尾羽，雄鳥在向雌鳥展示時，會像插圖一樣舉起這2根在根部交叉的尾羽，並展開平常隱藏起來的腋部飾羽，像喜劇演員般搖擺，十分有趣。

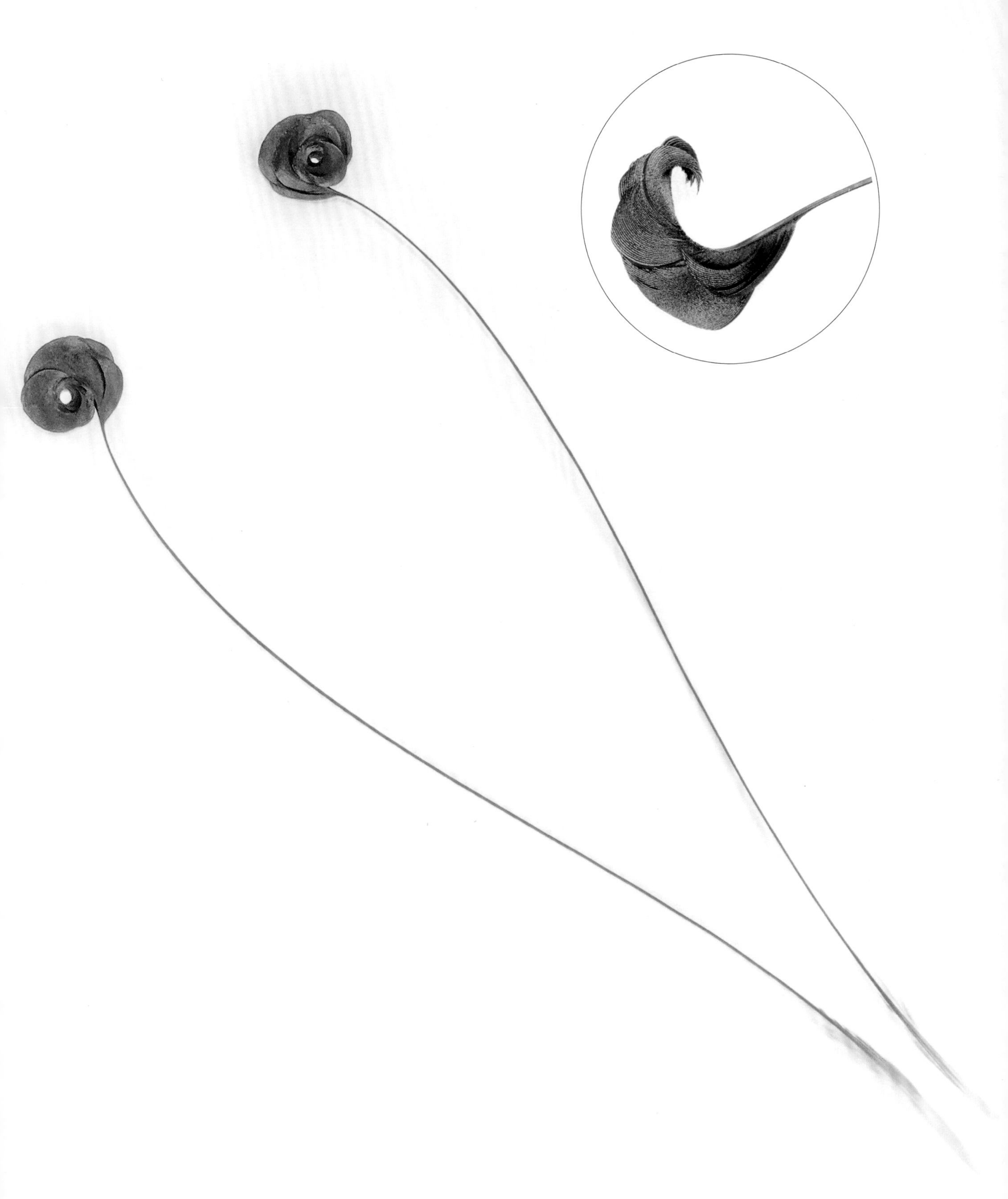

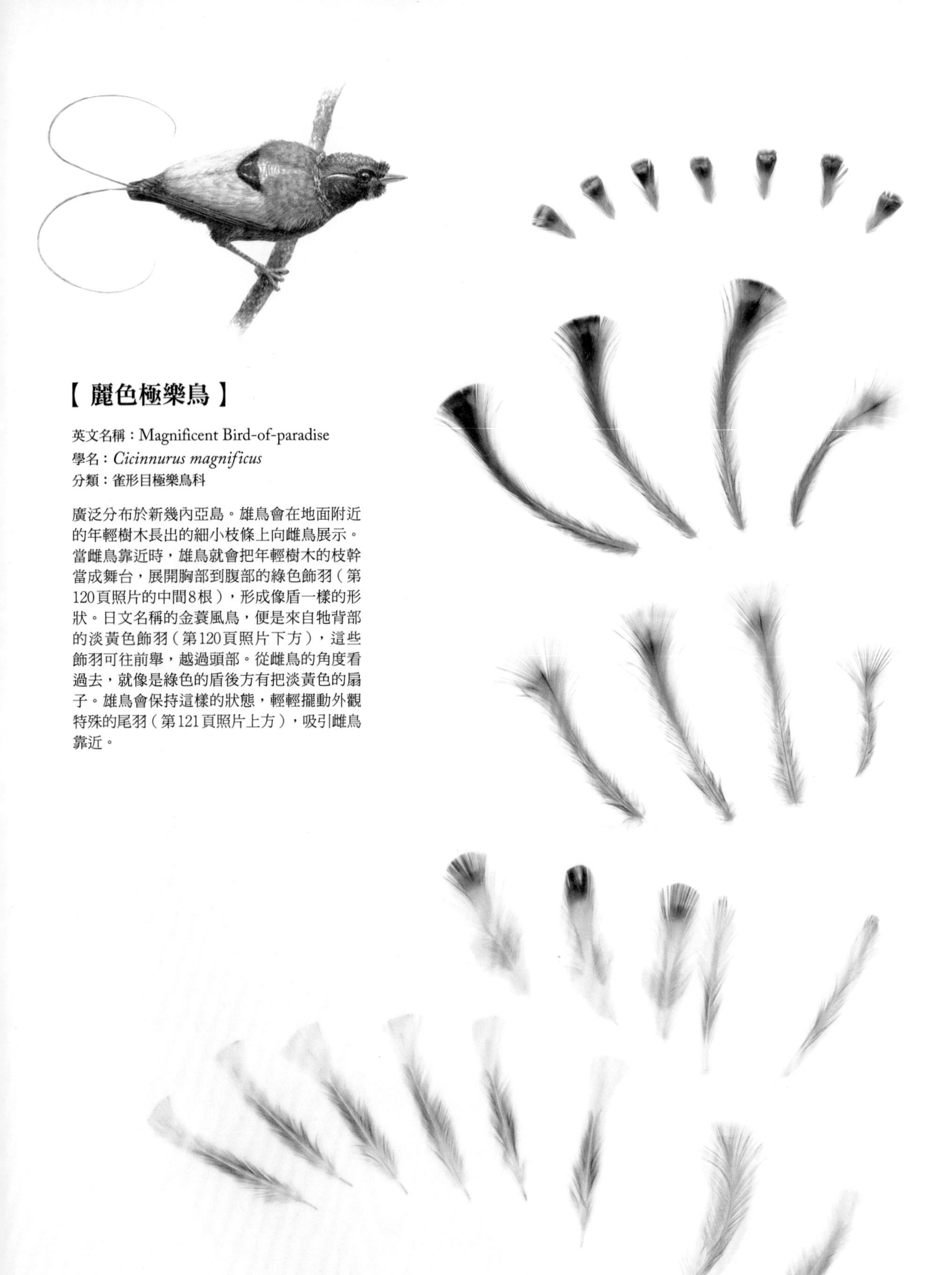

【麗色極樂鳥】

英文名稱：Magnificent Bird-of-paradise
學名：*Cicinnurus magnificus*
分類：雀形目極樂鳥科

廣泛分布於新幾內亞島。雄鳥會在地面附近的年輕樹木長出的細小枝條上向雌鳥展示。當雌鳥靠近時，雄鳥就會把年輕樹木的枝幹當成舞台，展開胸部到腹部的綠色飾羽（第120頁照片的中間8根），形成像盾一樣的形狀。日文名稱的金蓑風鳥，便是來自牠背部的淡黃色飾羽（第120頁照片下方），這些飾羽可往前舉，越過頭部。從雌鳥的角度看過去，就像是綠色的盾後方有把淡黃色的扇子。雄鳥會保持這樣的狀態，輕輕擺動外觀特殊的尾羽（第121頁照片上方），吸引雌鳥靠近。

【 麗色裙風鳥 】

英文名稱：Magnificent Riflebird
學名：*Ptiloris magnificus*
分類：雀形目極樂鳥科

分布於新幾內亞島與澳洲的約克角半島。與大裙風鳥類似，翅膀可以圍成一個圈，不過麗色裙風鳥展開翅膀之後會有節奏地上下擺動，看起來不像一個圈。在牠們擺動翅膀的同時也會在樹枝上跳動，並左右擺動頭部。此時，其喉部到胸部一帶、泛著金屬光澤的羽毛（第122頁照片上方）也會像節拍器一樣左右擺動。毛躁的羽毛（第122頁照片下方）則在帶有金屬光澤的節拍器下方，像布簾一般展開垂下，就像是舞台一樣。雌鳥會被活潑的舞蹈吸引，並在不知不覺中被雄鳥圍住。裙風鳥類的成員都擁有漂亮的中央尾羽，泛著金屬一般的色澤（第123頁照片下方）。雄鳥跳舞時，尾羽會稍微往上舉，但我懷疑雌鳥可能看不到雄鳥的尾羽。

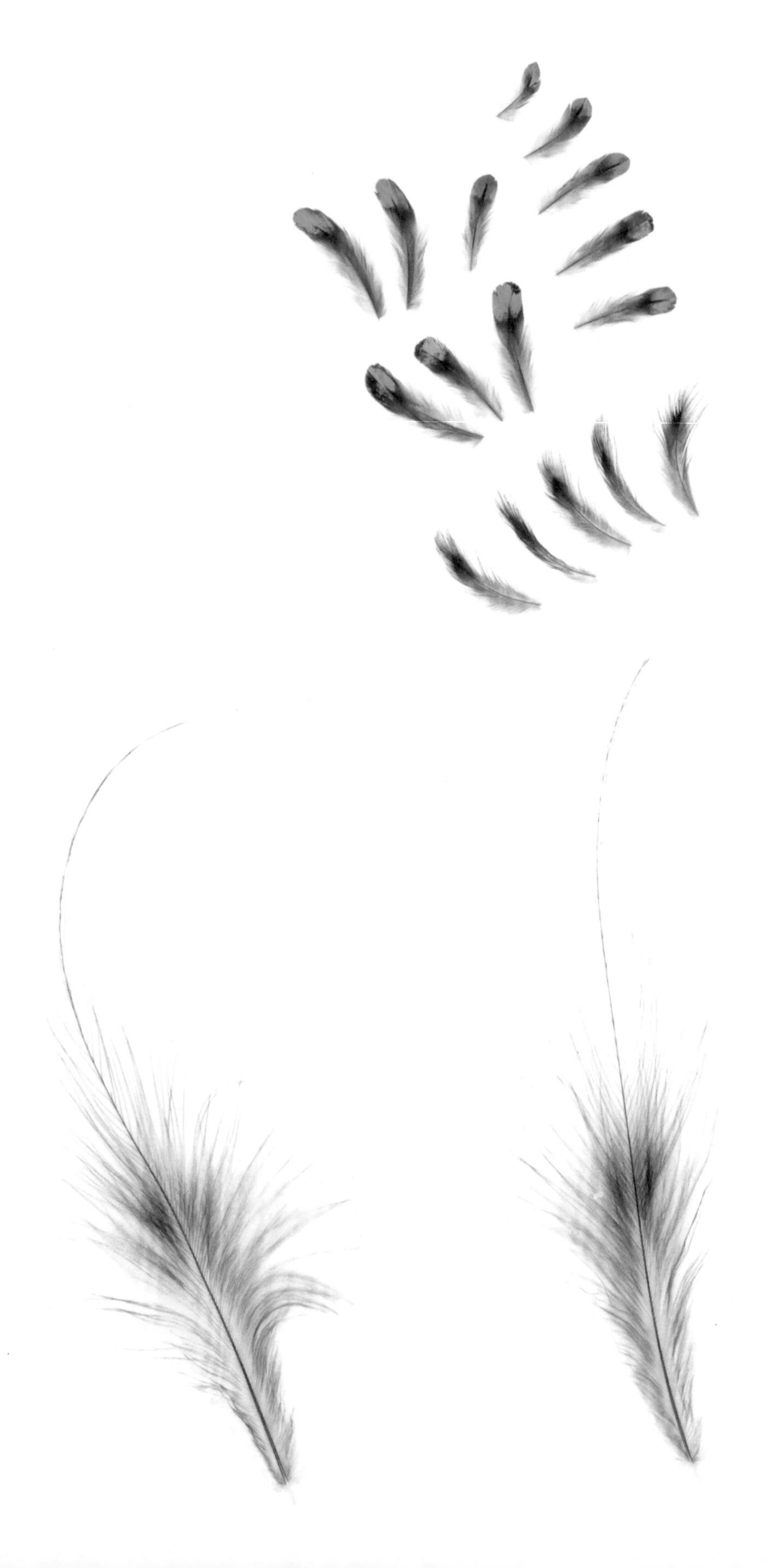

【大裙風鳥】

英文名稱：Paradise Riflebird
學名：*Ptiloris paradiseus*
分類：雀形目極樂鳥科

澳洲特有種，分布於澳洲大陸東側的局部區域，在裙風鳥類的成員中，為分布地點最南端的物種。如插圖所示，大裙風鳥會把翅膀展開圍成圈狀，應該有不少人是因此而知道這種鳥的存在。牠們的飛羽（照片下方的9根羽毛）就是為了展示而長成這種特殊的形狀。外側的初級飛羽會稍微往內側彎曲，次級飛羽則橫向擴展、末端平坦，使牠們在展翅成圈時，翅膀上不會有任何空隙，邊緣圓潤的翅膀可形成一個漂亮的圓。牠們展翅形成一個圓後，頭部會往後仰並與翅膀一起左右擺動，把胸前有光澤的羽毛（第124頁上方）展示給雌鳥看。當雌鳥靠近時，雄鳥會加速左右擺動，並在不知不覺中包圍住雌鳥。這樣看起來，雌鳥就像落入陷阱的獵物一樣。

【新幾內亞極樂鳥】

英文名稱：Raggiana Bird-of-paradise
學名：*Paradisaea raggiana*
分類：雀形目極樂鳥科

分布於新幾內亞島東部的廣大區域。牠們的特徵顯而易見，就是照片中的紅色飾羽。這是腋部的羽毛，集中生長在相對狹窄的範圍內。雄鳥會聚集在求偶場（lek），如插圖般背向雌鳥，使飾羽像花束一樣展開。低頭默默獻花給雌鳥的這種表現方式，也常在人類的世界中看到。雄鳥如果會說話的話，大概會說出「請和我結婚！」之類的台詞吧。雌鳥則會在大量的雄鳥中，挑選出自己喜歡的雄鳥。

【紅極樂鳥】

英文名稱：Red Bird-of-paradise
學名：*Paradisaea rubra*
分類：雀形目極樂鳥科

僅分布於新幾內亞島西方的數個小島。飾羽與新幾內亞極樂鳥（第126頁）類似，光澤卻更為鮮明，而且末端帶有一些白色，十分美麗。不過牠們的飾羽不像新幾內亞極樂鳥那麼蓬鬆，所以雄鳥求愛時並不是像新幾內亞極樂鳥那樣把飾羽展開，而是振動翅膀，使飾羽迅速抖動。

【大極樂鳥】

英文名稱：Greater Bird-of-paradise
學名：*Paradisaea apoda*
分類：雀形目極樂鳥科

分布於新幾內亞島西南方與阿魯群島，是日本最著名的極樂鳥，以前曾大量進口至日本。一般說的極樂鳥就是指這種鳥，現在也常能看到牠們的剝製標本。說到牠們的特徵，就不能不提那毛躁蓬鬆的黃色飾羽，以及金屬絲狀的尾羽（第129頁中央）。這個金屬絲狀的尾羽為缺乏羽枝及羽小枝，只剩下羽軸的羽毛，卻堅硬而富有彈力。雄鳥會像新幾內亞極樂鳥（第126頁）那樣聚集在求偶場，背對雌鳥低下頭，露出背部的黃色飾羽，像是獻出花束一樣。牠們在樹上擺出這個姿勢時，看起來就像美麗盛開的黃色花朵一樣。因為雄鳥背向雌鳥，所以金屬絲狀的尾羽會朝著雌鳥垂下，這或許也是雄鳥的魅力象徵。

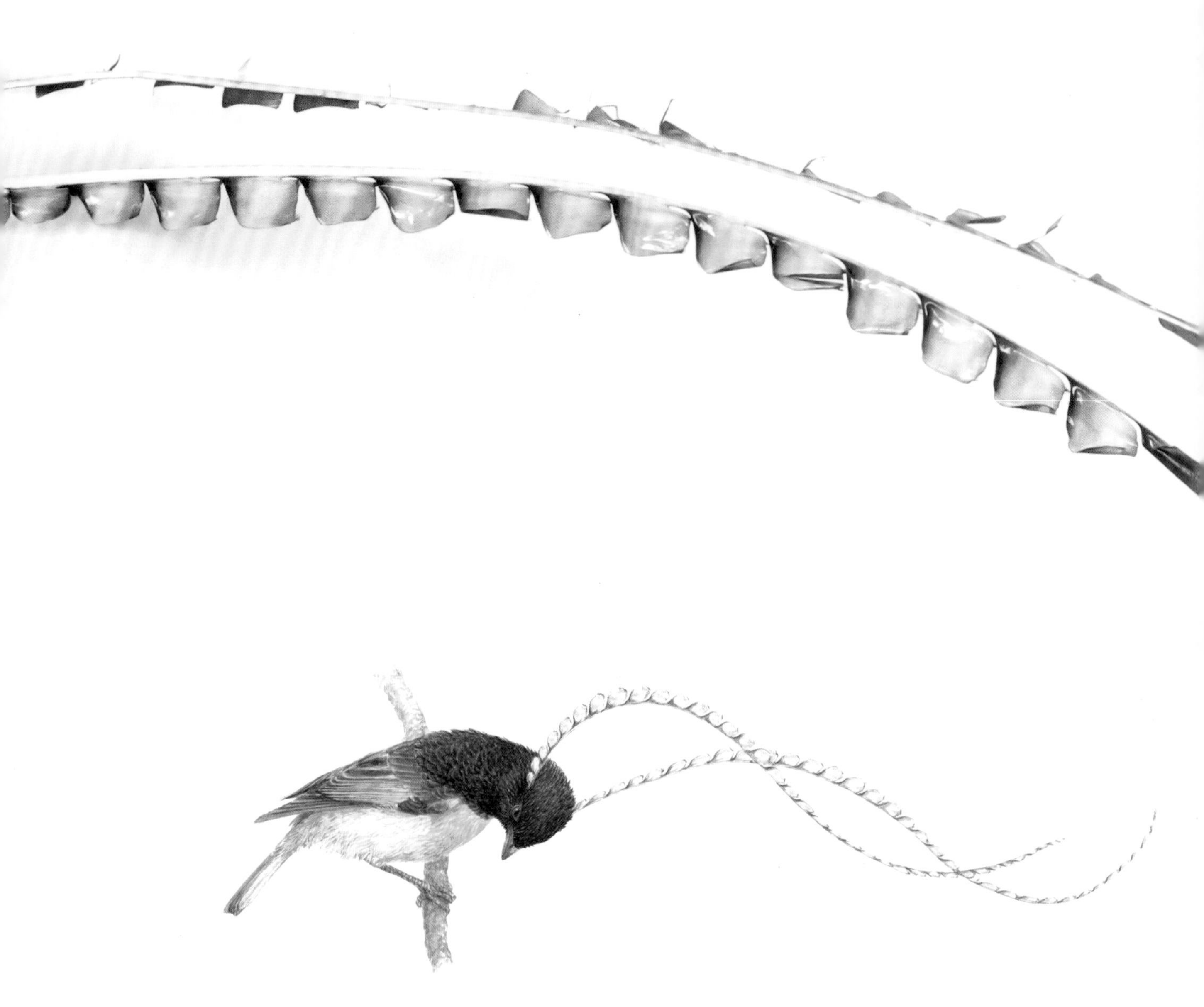

【 薩克森風鳥 】

英文名稱：King-of-Saxony Bird-of-paradise
學名：*Pteridophora alberti*
分類：雀形目極樂鳥科

分布於新幾內亞島的廣大區域。雖然極樂鳥類的成員大多擁有特殊的羽毛，不過薩克森風鳥更是其中之最。一般羽毛的三級結構為羽軸、羽枝、羽小枝，但我們很難用這樣的規則來說明薩克森風鳥的飾羽。雖說如此，這確實是鳥的羽毛。把它放大之後，看起來又更奇怪了。由飾羽分岔出來的毛狀物推測，飾羽的基部側有羽枝，由羽枝再伸出有鉤羽小枝，或是朝著末端側伸出有鉤羽小枝及弓狀羽小枝固定住形狀。飾羽的質地應該與灰原雞（第164頁）羽毛的蠟質部分相同，並像甲蟲的外翅般具有乾燥的觸感。另外可能還擁有結構色。如果要正確掌握這個飾羽的結構，最好在它從羽鞘中伸出時，就開始觀察它的成長。但實際上我們很難想像它的成長情況，希望以後能有機會仔細觀察這種飾羽。薩克森風鳥的雄鳥在向雌鳥展示時，會像插圖般將這種形態特殊的飾羽舉向前方擺動，就像指揮家一樣。另外，生活在薩克森風鳥棲息地的原住民會把這種羽毛戴在身上。他們相信羽毛中寄宿著祖先的力量，所以會把羽毛用在民族服飾上。

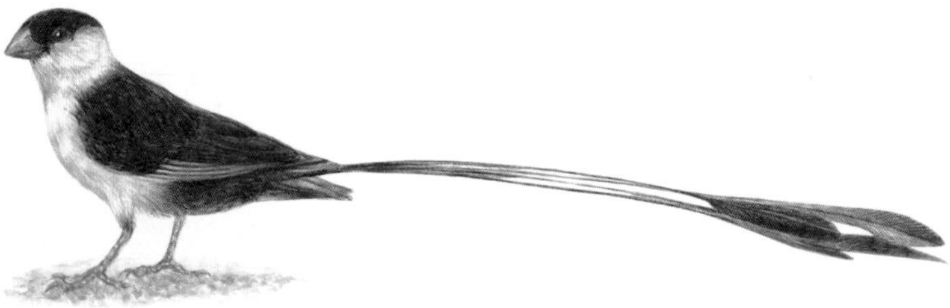

【箭尾維達雀】

英文名稱：Shaft-tailed Whydah
學名：*Vidua regia*
分類：雀形目維達雀科

分布於安哥拉至莫三比克、波札那等非洲大陸的南部區域。中央4根尾羽為細長的飾羽，屬於繁殖期生長的繁殖羽。這些尾羽的大部分區段只有羽軸，僅在末端生有羽枝、羽小枝，擁有葉子般的細長形狀。箭尾維達雀的尾羽非常長，卻比稻尾維達雀（第133頁）的尾羽羽軸硬，也不易隨風搖擺。

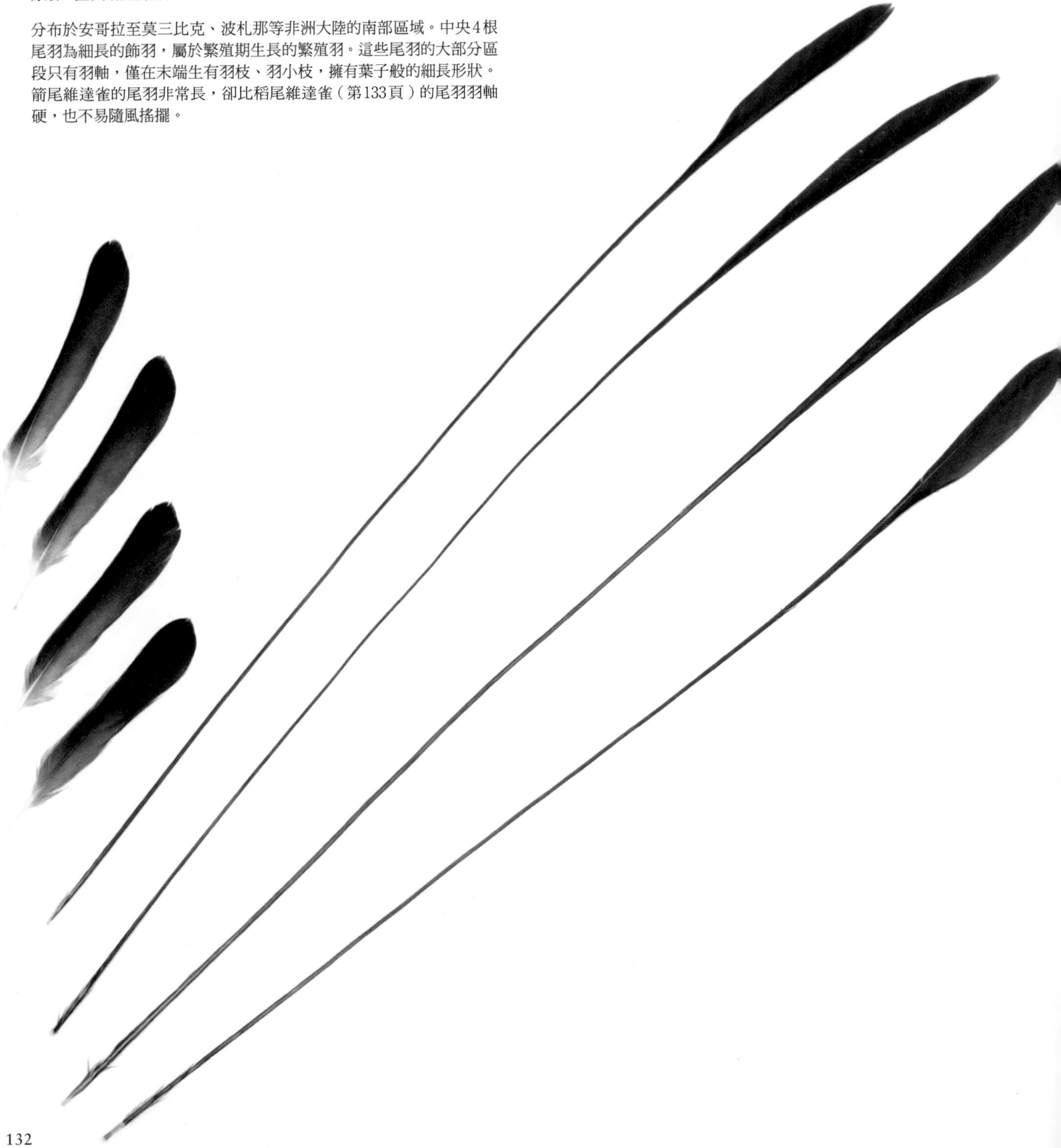

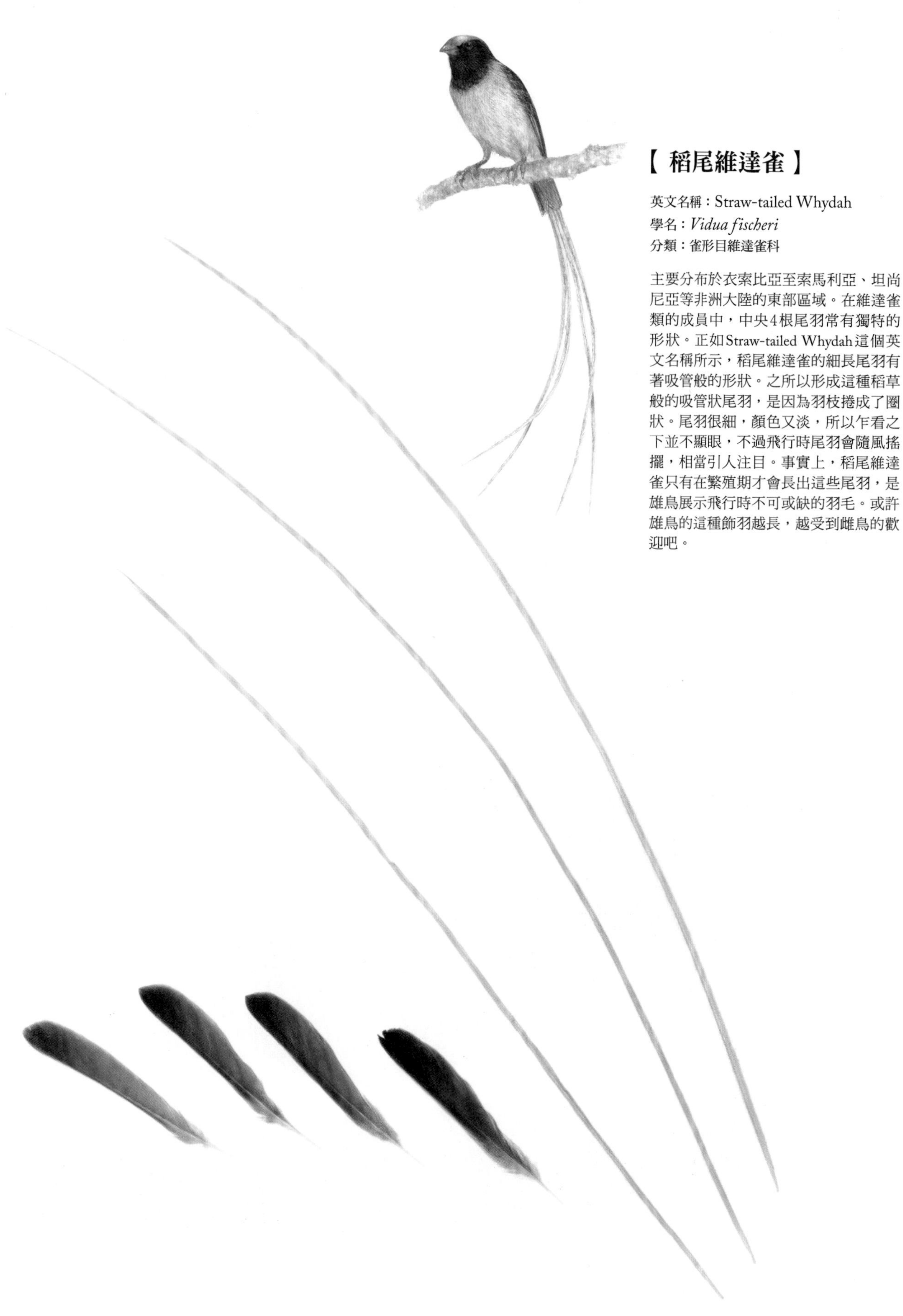

【稻尾維達雀】

英文名稱：Straw-tailed Whydah
學名：*Vidua fischeri*
分類：雀形目維達雀科

主要分布於衣索比亞至索馬利亞、坦尚尼亞等非洲大陸的東部區域。在維達雀類的成員中，中央4根尾羽常有獨特的形狀。正如Straw-tailed Whydah這個英文名稱所示，稻尾維達雀的細長尾羽有著吸管般的形狀。之所以形成這種稻草般的吸管狀尾羽，是因為羽枝捲成了圈狀。尾羽很細，顏色又淡，所以乍看之下並不顯眼，不過飛行時尾羽會隨風搖擺，相當引人注目。事實上，稻尾維達雀只有在繁殖期才會長出這些尾羽，是雄鳥展示飛行時不可或缺的羽毛。或許雄鳥的這種飾羽越長，越受到雌鳥的歡迎吧。

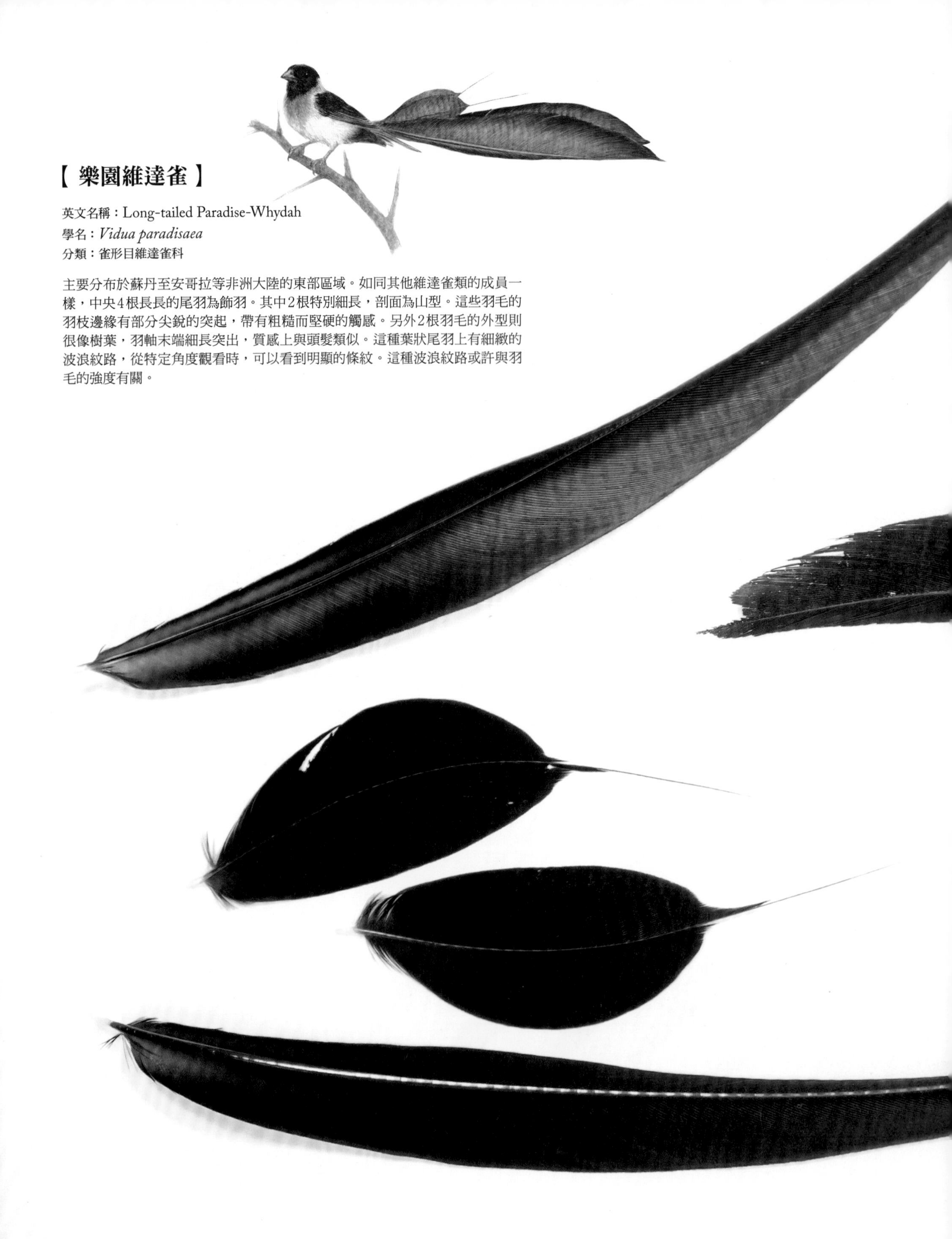

【樂園維達雀】

英文名稱：Long-tailed Paradise-Whydah
學名：*Vidua paradisaea*
分類：雀形目維達雀科

主要分布於蘇丹至安哥拉等非洲大陸的東部區域。如同其他維達雀類的成員一樣，中央4根長長的尾羽為飾羽。其中2根特別細長，剖面為山型。這些羽毛的羽枝邊緣有部分尖銳的突起，帶有粗糙而堅硬的觸感。另外2根羽毛的外型則很像樹葉，羽軸末端細長突出，質感上與頭髮類似。這種葉狀尾羽上有細緻的波浪紋路，從特定角度觀看時，可以看到明顯的條紋。這種波浪紋路或許與羽毛的強度有關。

【 寬尾樂園維達雀 】

英文名稱：Sahel Paradise-Whydah
學名：*Vidua orientalis*
分類：雀形目維達雀科

主要分布於塞內加爾至蘇丹等非洲大陸的北部區域。擁有與樂園維達雀（第134頁）類似的尾羽。要說哪裡不同的話，就是寬尾樂園維達雀的長尾羽末端較寬，就像牠的日文名稱「寬尾鳳凰雀」一樣。相對的，葉狀尾羽則相當細長，不過或許是個體之間的差異。

【針尾維達雀】

英文名稱：Pin-tailed Whydah
學名：*Vidua macroura*
分類：雀形目維達雀科

分布於非洲大陸中央至南部的廣大區域，可以說是維達雀中的代表。繁殖期時會長出4根黑色的細長尾羽，如照片所示。雄鳥向雌鳥展示時會在雌鳥眼前懸停，擺動細長的尾羽，並有節奏地不斷上下移動。日本有許多人會把牠當成寵物飼養，但曾有一段時間，逃出籠子的個體自行在野外繁殖成群。

【裸面鳳冠雉】

英文名稱：Bare-faced Curassow
學名：*Crax fasciolata*
分類：雞形目鳳冠雉科

分布於巴西、巴拉圭、阿根廷、玻利維亞等地。鳳冠雉這個名字可能會讓人摸不著頭緒，簡單來說就是雉類成員。牠們最大的特徵是頂著一頭像是燙過的羽冠。把羽冠一根根分開來看，就像是一個個問號一樣，相當有趣。雖然至今仍不曉得為什麼牠們的羽冠會是這種形狀，但這些羽冠毫無疑問是鳳冠雉不可或缺的特徵。

column

功能性羽毛

啄木鳥科成員之一的大斑啄木鳥，會用尾羽支撐身體。（照片：作者）

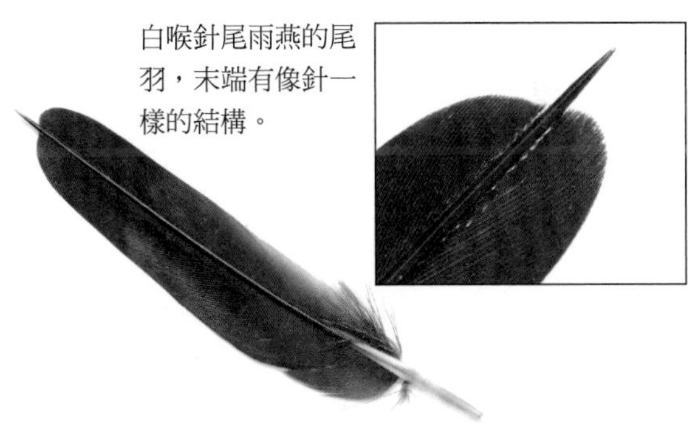

白喉針尾雨燕的尾羽，末端有像針一樣的結構。

有些鳥類擁有某些與習性相符的羽毛，其中最著名的就是啄木鳥的尾羽。啄木鳥的尾羽羽軸很粗，羽毛末端很硬。當啄木鳥攀附在樹幹上時，便會利用尾羽協助三點支撐。白喉針尾雨燕的尾羽也有一樣的功能。白喉針尾雨燕就像牠的名字一樣，尾羽羽軸的末端呈針狀，牠們在樹洞築巢時需要停在樹幹上，此時尾羽的針可以像釘子一樣固定住身體。國王企鵝（第176頁）的尾羽或許也有類似的功能。

除此之外，貓頭鷹用來集音的羽毛也屬於功能性羽毛。其中又以倉鴞的臉部羽毛效果最好。倉鴞的臉呈平坦狀，也叫做面盤，有著拋物面天線般的功能。若是觀察單一根的面盤羽毛，便會發現它與其他的柔軟羽毛不同，羽枝間的間隔很密，是捲曲而密實的羽毛，想必是為了反射聲音才進化成這種形態。

【灰冠鶴】

英文名稱：Grey Crowned-Crane
學名：*Balearica regulorum*
分類：鶴形目鶴科

分布於非洲大陸中央至南部的廣大區域。說到冠鶴的特徵，就不能不提成為其名稱由來的羽冠。我認為牠們的羽冠（照片上方）可以說是自然界中最細緻的傑作。羽毛一般為平面結構，不過牠們的羽冠卻像綬草一樣扭轉，使羽枝朝多個方向伸出，形成立體結構。擁有捲曲羽毛的鳥類並非只有灰冠鶴，但只有灰冠鶴的羽毛如此具有立體感。灰冠鶴的頭上長有無數根這樣的羽毛，因而得名。如果牠們參加選美比賽的話，我會想給牠們滿分。此外，黃色覆羽（第138頁照片下方）的羽軸與羽枝呈現出了蓬鬆感，這樣的平面結構也相當美麗。灰冠鶴可說是在許多方面都表現出自身特色的鳥類。

【 蓑頸白䴉 】

英文名稱：Straw-necked Ibis
學名：*Threskiornis spinicollis*
分類：鸛形目䴉科

分布於澳洲、新幾內亞島等廣大區域。名稱源自頸部周圍的羽毛（第140頁照片上方），乍看之下只是普通的羽毛，但實際上的觸感很硬，會讓人聯想到麥稈。這是羽枝、羽小枝退化，僅羽軸發達所得到的結果。為什麼會演化出這樣的羽毛尚不得而知，或許是為了表現出自己有趣的一面吧。蓑頸白䴉還有一個較不顯眼的特徵，那就是飛羽、覆羽、肩羽有著淡淡的條紋。只觀察單一根羽毛時，會覺得顏色清淡而明亮，屬於很少見的顏色搭配。讓人不禁覺得，如果羽毛能呈現出更清楚的條紋就好了，不過目前的模樣也有它的美麗之處。

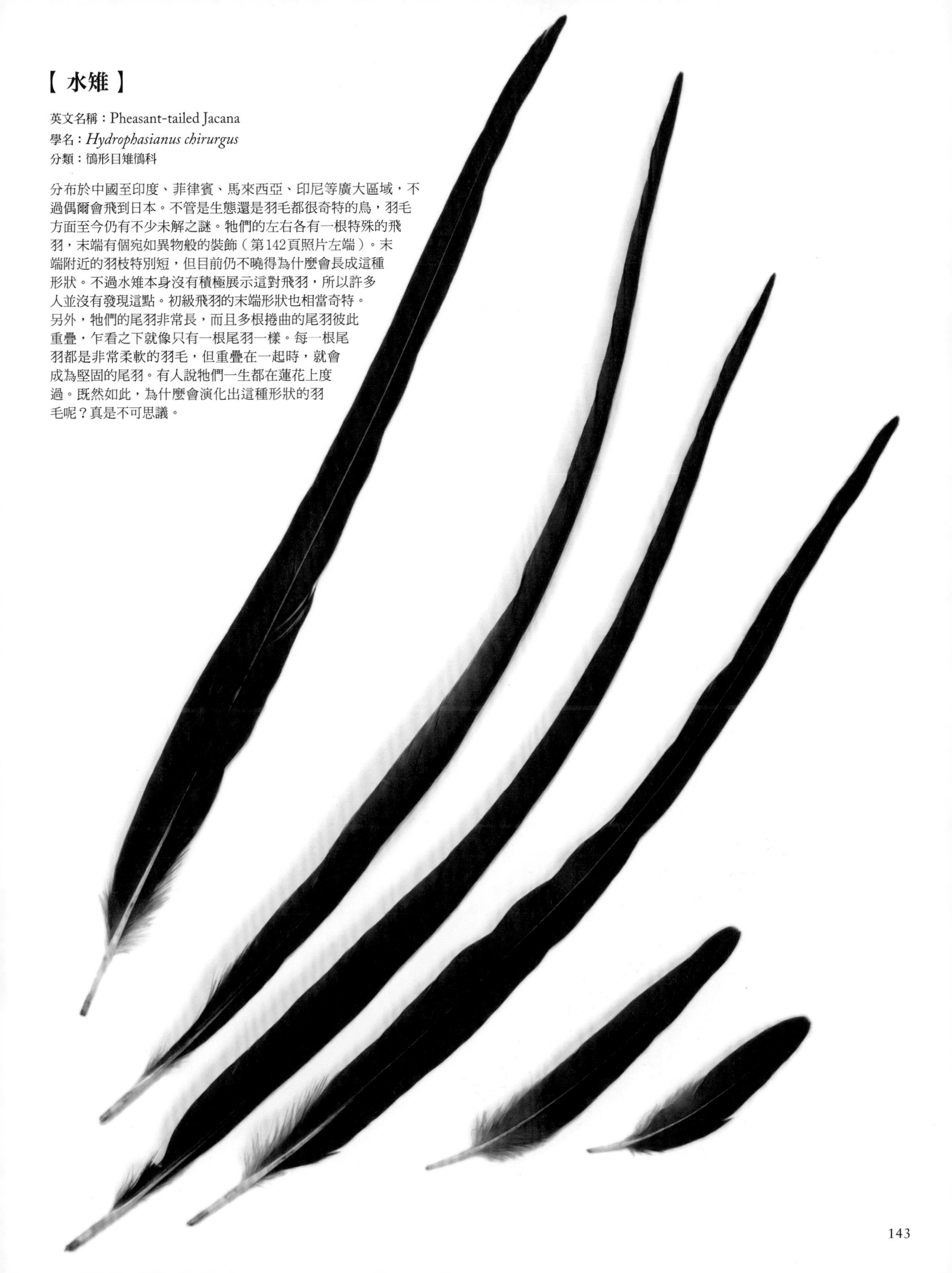

【 水雉 】

英文名稱：Pheasant-tailed Jacana
學名：*Hydrophasianus chirurgus*
分類：鴴形目雉鴴科

分布於中國至印度、菲律賓、馬來西亞、印尼等廣大區域，不過偶爾會飛到日本。不管是生態還是羽毛都很奇特的鳥，羽毛方面至今仍有不少未解之謎。牠們的左右各有一根特殊的飛羽，末端有個宛如異物般的裝飾（第142頁照片左端）。末端附近的羽枝特別短，但目前仍不曉得為什麼會長成這種形狀。不過水雉本身沒有積極展示這對飛羽，所以許多人並沒有發現這點。初級飛羽的末端形狀也相當奇特。另外，牠們的尾羽非常長，而且多根捲曲的尾羽彼此重疊，乍看之下就像只有一根尾羽一樣。每一根尾羽都是非常柔軟的羽毛，但重疊在一起時，就會成為堅固的尾羽。有人說牠們一生都在蓮花上度過。既然如此，為什麼會演化出這種形狀的羽毛呢？真是不可思議。

【沙氏蕉鵑】

英文名稱：Schalow's Turaco
學名：*Tauraco schalowi*
分類：鵑形目蕉鵑科

分布於非洲大陸南部的安哥拉、尚比亞、辛巴威、馬拉威、坦尚尼亞等地。蕉鵑是我很喜歡的鳥類之一。牠們身上有著略帶透明感的酒紅色飛羽，擁有其他鳥類羽毛所沒有的色澤，有光澤的綠色羽毛也十分美麗。除此之外，蕉鵑成員的另一個特徵是牠們的羽冠。蕉鵑的羽冠使其呈現出獨特的臉形，而且不同種的蕉鵑，羽冠長度也各不相同。沙氏蕉鵑是羽冠（第144頁照片上方）最長的一種。細長羽毛的末端為白色，是末端有些膨脹的有趣羽毛。

【 卡佛食蜜鳥 】

英文名稱：Cape Sugarbird
學名：*Promerops cafer*
分類：雀形目長尾食蜜鳥科

分布於南非。特徵就是牠們的尾羽，只有雄鳥的尾羽像照片那麼長。一隻雄鳥有6根那麼長的尾羽。世界上有許多鳥擁有很長的尾羽，不過通常只有中央尾羽或外側尾羽，左右加起來共2～4根特別長，其他尾羽則較短。但卡佛食蜜鳥卻有許多很長的尾羽，而且質地不硬，所以飛行的時候會有許多長長的尾羽跟著搖擺，看起來很不自然。

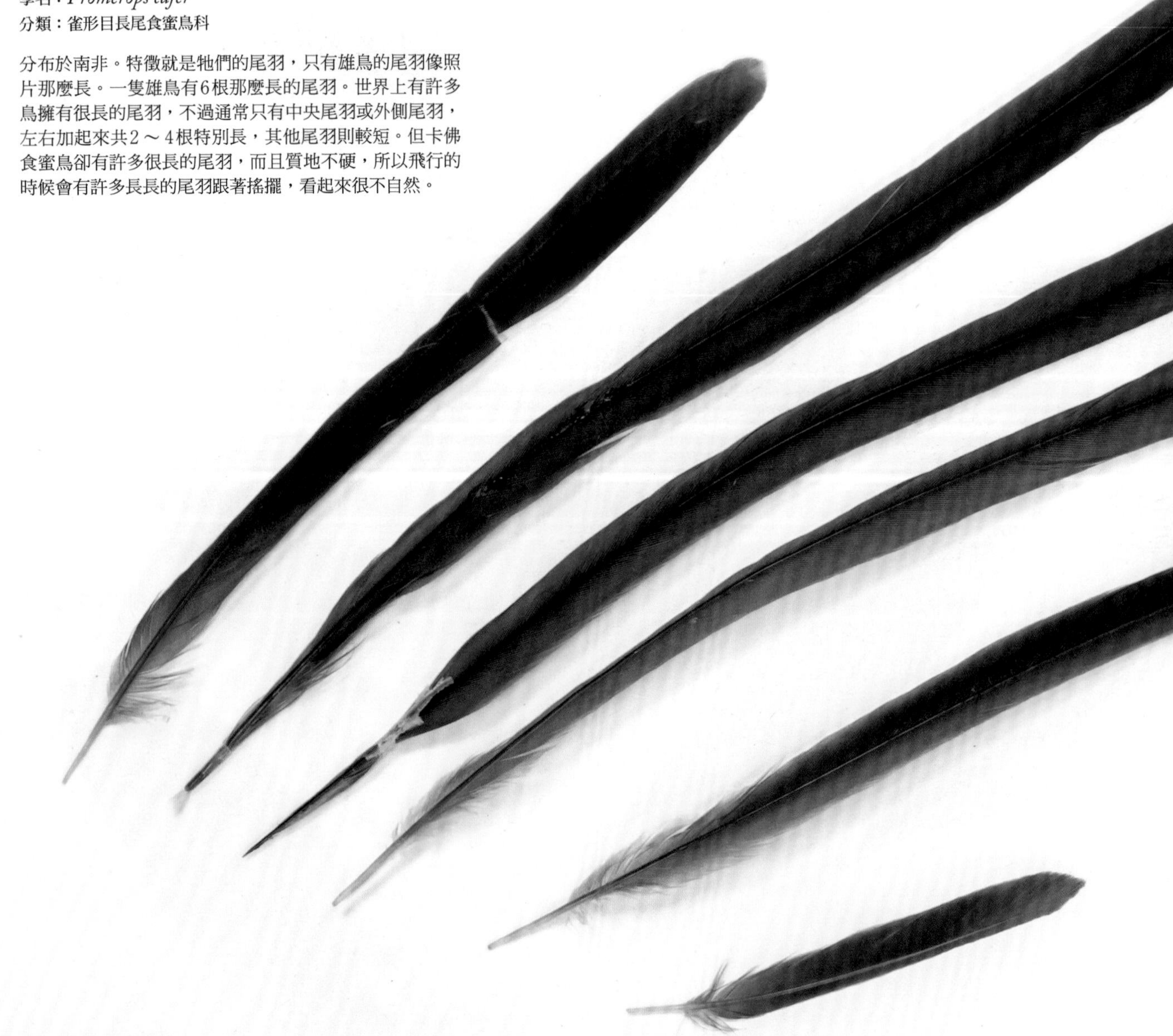

【藍頂翠鴗】

英文名稱：Blue-crowned Motmot
學名：*Momotus momota*
分類：佛法僧目翠鴗科

分布於墨西哥至南美的廣大區域。一如其英文名稱所示，頭部的藍色羽毛（第148頁照片上方）十分美麗。不過值得注意的是牠們的尾羽（第149頁照片）。藍頂翠鴗的尾羽形狀乍看之下很奇怪，不過事實上，牠們似乎會自己把尾羽中間的羽枝拔除。不同個體拔除的量也不一樣，所以有羽枝處與無羽枝處的平衡也各不相同。在我所知道的鳥類中，似乎只有這類鳥會自行拔除羽毛做出造型。為羽毛做造型的行為看似是為了吸引雌鳥，但雌鳥也會為羽毛做出造型，所以這或許只是代表牠們很愛漂亮而已？這個行為就是那麼讓人難以理解。

【維多利亞鳳冠鳩】

英文名稱：Victoria Crowned-Pigeon
學名：*Goura victoria*
分類：鴿形目鳩鴿科

分布於新幾內亞島，是世界最大的鴿子。頭部飾羽的末端就像花一樣，其他部分伸出的羽枝看似不規則，但其實是短彎曲的羽枝、長彎曲的羽枝、不彎曲的羽枝交互伸出，這些羽枝彼此交叉的模樣就像蕾絲一樣。維多利亞鳳冠鳩會呈扇狀展開這些飾羽，並上下劇烈地擺動頭部，往下時會像插圖般低到接近地面，同時展開尾羽並舉起。一般雄鴿向雌鴿展示時，多會上下擺動頭部，而維多利亞鳳冠鳩的動作則更是顯著。牠們劇烈擺動頭部的樣子就像龐克搖滾一樣，傳達出了牠們的決心。

【藍鳳冠鳩】

英文名稱：Western Crowned-Pigeon
學名：*Goura cristata*
分類：鴿形目鳩鴿科

分布於新幾內亞島，與維多利亞鳳冠鳩（第150頁）擁有類似的飾羽，差別在於藍鳳冠鳩的飾羽末端沒有如花朵般的裝飾，不過短羽枝與長羽枝交互生長呈蕾絲狀的樣子，比維多利亞鳳冠鳩還要顯著。

【綠蓑鳩】

英文名稱：Nicobar Pigeon
學名：*Caloenas nicobarica*
分類：鴿形目鳩鴿科

分布於印尼、菲律賓、巴布亞紐幾內亞、索羅門群島等地的鴿類成員。雌鳥與雄鳥的頸部周圍都有如蓑衣般的飾羽（第153頁照片右上方）。若試著發揮想像力，可把牠看成有著長髮的鴿類。包含這些飾羽在內，綠蓑鳩的體表覆羽具有結構色，從不同角度觀看時，顏色會在金黃色至綠色之間轉變。雄鳥在向雌鳥展示時，頸部飾羽似乎不會派上用場，但這些飾羽應該能讓牠們獲得什麼好處才對，例如飾羽越長就越受歡迎之類。

【 毛腿沙雞 】

英文名稱：Pallas's Sandgrouse
學名：*Syrrhaptes paradoxus*
分類：沙雞目沙雞科

分布於中國至蒙古、哈薩克等地，偶爾會飛到日本。羽毛的顏色、圖樣演化成能在乾燥的沙漠環境中偽裝隱藏自己。初級飛羽與尾羽非常長，適合直線快速飛行。事實上，當牠們處於繁殖期時，便會為了水與食物而反覆進行長距離移動。而且，牠們羽毛上的絨羽（絨狀羽枝）有很長的羽小枝，質地硬挺，具有海綿般的功能，可以暫時儲存水分，帶回巢中給幼鳥飲用。

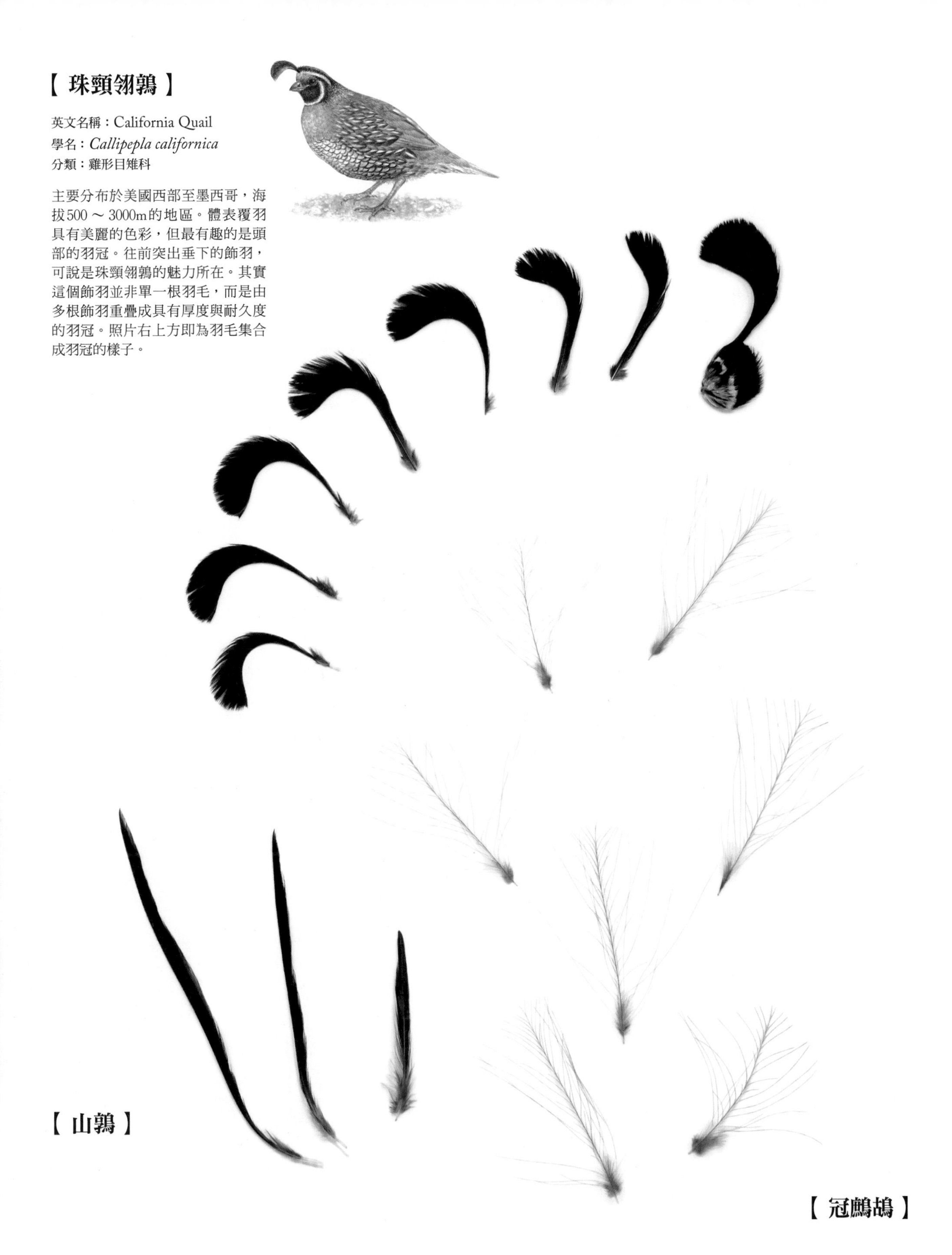

【珠頸翎鶉】

英文名稱：California Quail
學名：*Callipepla californica*
分類：雞形目雉科

主要分布於美國西部至墨西哥，海拔500～3000m的地區。體表覆羽具有美麗的色彩，但最有趣的是頭部的羽冠。往前突出垂下的飾羽，可說是珠頸翎鶉的魅力所在。其實這個飾羽並非單一根羽毛，而是由多根飾羽重疊成具有厚度與耐久度的羽冠。照片右上方即為羽毛集合成羽冠的樣子。

【山鶉】

【冠鷓鴣】

【 黑琴雞 】

英文名稱：Black Grouse
學名：*Tetrao tetrix*
分類：雞形目松雞科

主要分布於中國至俄羅斯、歐洲等廣大區域。為草原性的大型岩雷鳥，繁殖期時會聚集在求偶場，進行集體展示活動。如插圖所示，雄鳥在向雌鳥展示時會奮力舉起彎曲的尾羽，並將翅膀稍微下壓，藉此吸引雌鳥。外側3根尾羽的彎曲程度特別明顯，不過黑琴雞的這些尾羽並非各自彎曲，而是當尾羽重疊在一起時，使尾羽整體呈現出平滑的曲線，每根尾羽的彎曲程度則各不相同。

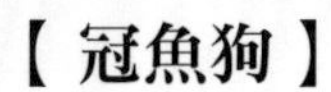

【冠魚狗】

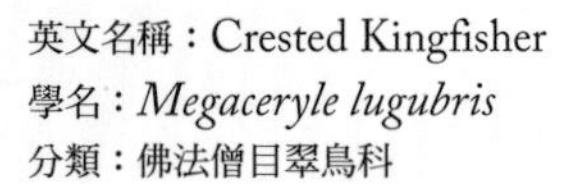

英文名稱：Crested Kingfisher
學名：*Megaceryle lugubris*
分類：佛法僧目翠鳥科

分布於日本至中國的廣大區域。日本全國的溪流都可以看到冠魚狗的蹤影。飛羽與尾羽為黑白相間的圖樣，十分美麗。冠魚狗本身的警戒心很強，本來就不容易見到，若是撿到牠們的飛羽或尾羽，絕對會當成寶物。不過，最引人注目的是牠們的羽冠（照片上方）。冠魚狗的羽冠有相當的分量，黑白相間這點與飛羽和尾羽相同，不過圖樣並不單調。因為羽冠有各種圖樣，所以顯現出不小的分量。

【冠翠鳥】

英文名稱：Malachite Kingfisher
學名：*Alcedo cristata*
分類：佛法僧目翠鳥科

分布於非洲大陸中央至南非的廣大區域。照片為放大後的樣子，所以看起來比較大，但其實在翠鳥類的成員中，冠翠鳥是體型較小的物種。不過冠翠鳥的羽冠很長，若考慮到身體比例，冠翠鳥的羽冠可能比相對大型的翠鳥「冠魚狗」的羽冠還要長。冠翠鳥擁有細長、藍色與水藍色條紋相間的美麗羽冠。冠翠鳥興奮時會舉起羽冠，由於羽冠的位置不同於冠魚狗較偏向頭頂前方，因此舉起羽冠的樣子也有著很不一樣的魅力。

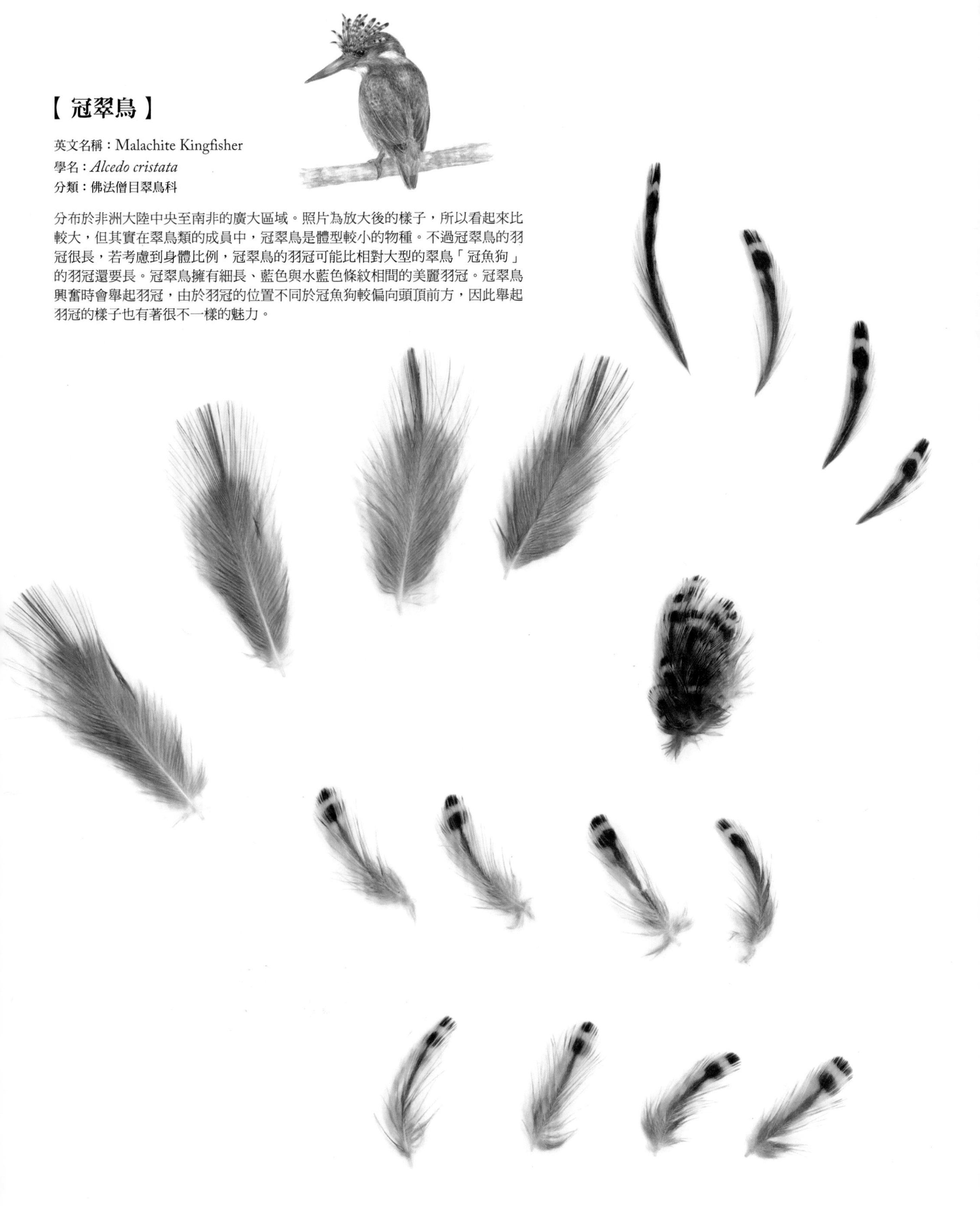

【米契爾少校鳳頭鸚鵡】

英文名稱：Pink Cockatoo
學名：*Cacatua leadbeateri*
分類：鸚形目鳳頭鸚鵡科

分布於澳洲的廣大區域。在這種鳥的羽毛中，最顯眼的應該是羽冠吧。羽冠上有著白、紅、黃的圖樣，就像美麗的太陽一樣。牠們興奮時會展開這些羽冠，樣子就像是汽車的輪胎，所以日文名稱叫做車冠鸚鵡。即使只看其中一根羽毛也十分美麗，彎曲成S形的形狀與顏色相當吸引人。英文名稱則源自其他羽毛上的粉紅色，這種粉紅色與鮮豔的羽冠相互襯托，使得這種鳥看起來更加美麗。

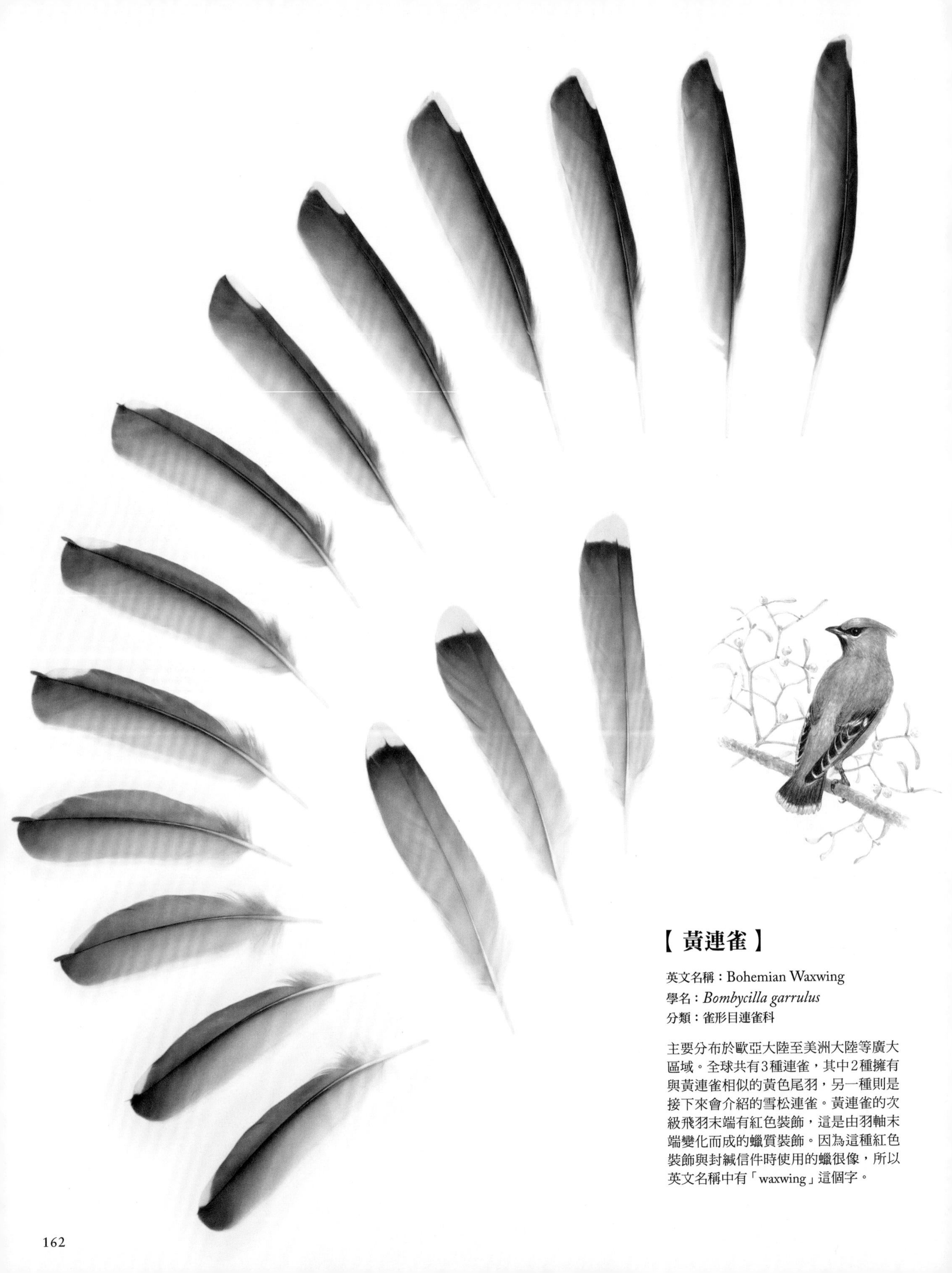

【黃連雀】

英文名稱：Bohemian Waxwing
學名：*Bombycilla garrulus*
分類：雀形目連雀科

主要分布於歐亞大陸至美洲大陸等廣大區域。全球共有3種連雀，其中2種擁有與黃連雀相似的黃色尾羽，另一種則是接下來會介紹的雪松連雀。黃連雀的次級飛羽末端有紅色裝飾，這是由羽軸末端變化而成的蠟質裝飾。因為這種紅色裝飾與封緘信件時使用的蠟很像，所以英文名稱中有「waxwing」這個字。

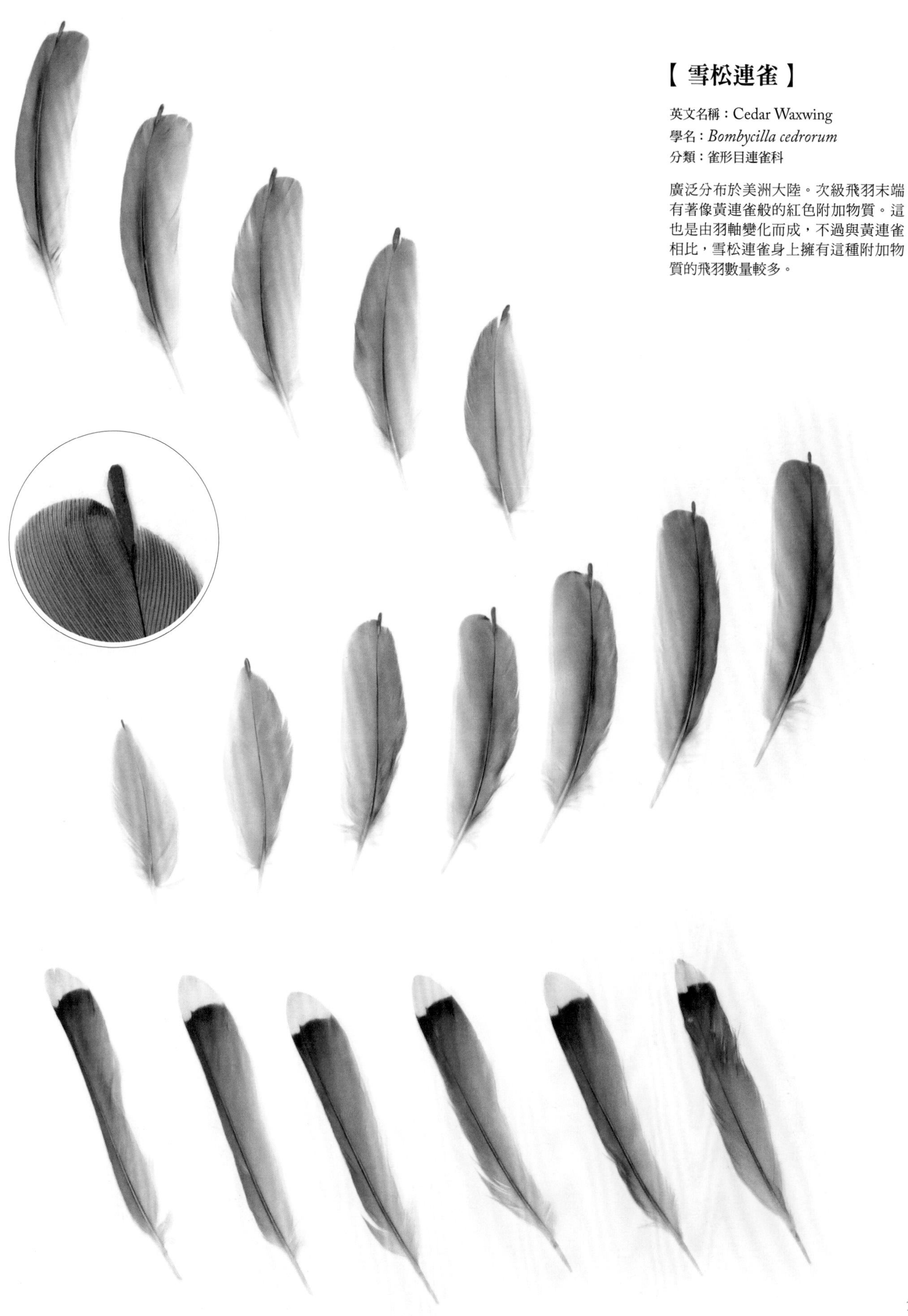

【 雪松連雀 】

英文名稱：Cedar Waxwing
學名：*Bombycilla cedrorum*
分類：雀形目連雀科

廣泛分布於美洲大陸。次級飛羽末端有著像黃連雀般的紅色附加物質。這也是由羽軸變化而成，不過與黃連雀相比，雪松連雀身上擁有這種附加物質的飛羽數量較多。

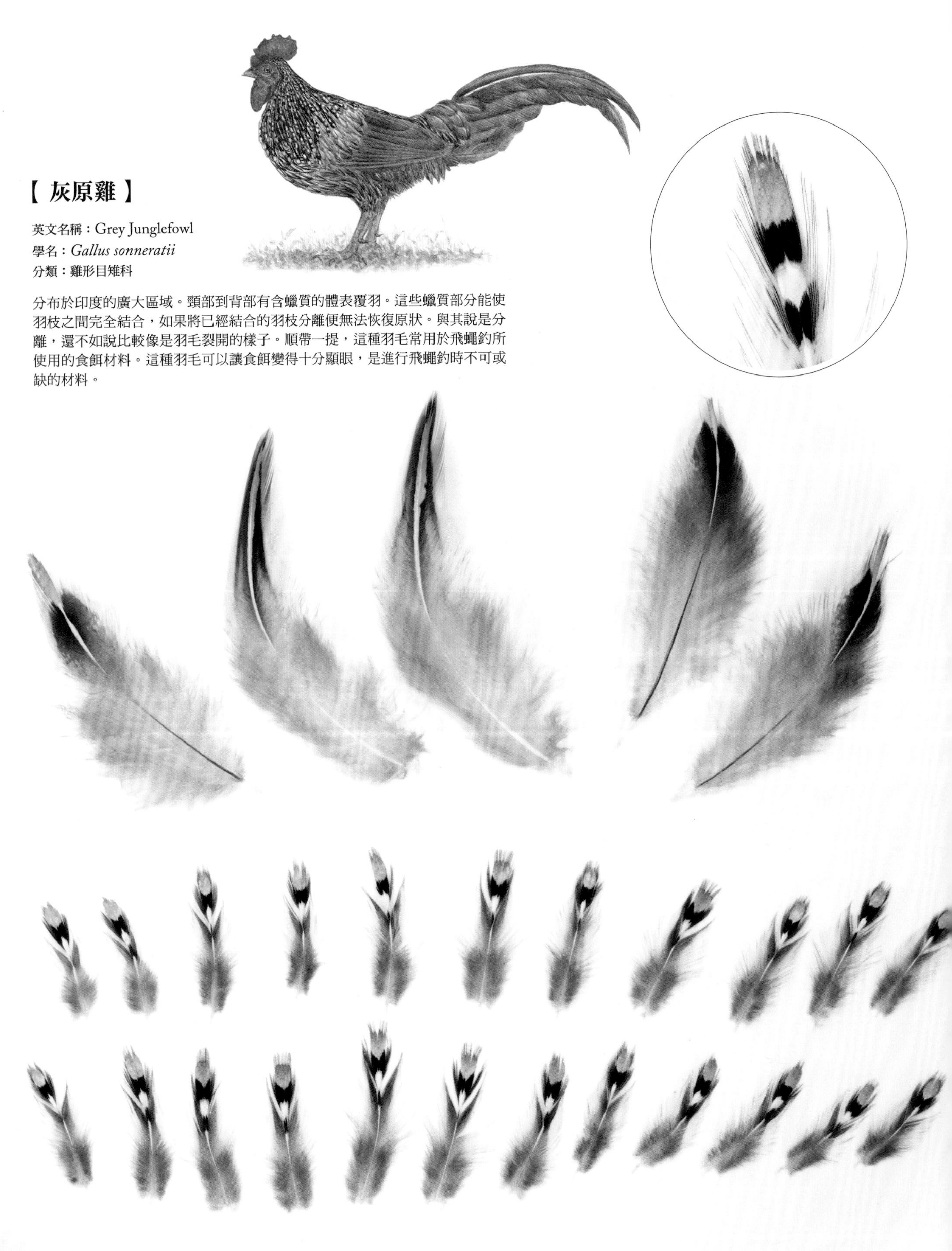

【灰原雞】

英文名稱：Grey Junglefowl
學名：*Gallus sonneratii*
分類：雞形目雉科

分布於印度的廣大區域。頸部到背部有含蠟質的體表覆羽。這些蠟質部分能使羽枝之間完全結合，如果將已經結合的羽枝分離便無法恢復原狀。與其說是分離，還不如說比較像是羽毛裂開的樣子。順帶一提，這種羽毛常用於飛蠅釣所使用的食餌材料。這種羽毛可以讓食餌變得十分顯眼，是進行飛蠅釣時不可或缺的材料。

column

識別羽毛

如果想知道撿拾到的羽毛的主人是誰，你會怎麼做呢？識別羽毛的方法大致上可以分成3種。第一種是由外觀特徵判斷，如果有羽毛圖鑑的話就更好了，但羽毛圖鑑不會列出所有物種、所有部位的羽毛。如果在羽毛圖鑑上找不到的話，可以從鳥類圖鑑、網路圖像與影片下手，尋找擁有相似羽毛的鳥。運氣好的話，或許能在某個網站上找到其他人上傳的相同羽毛圖像。除此之外，也可以透過最新技術，利用DNA鑑別羽毛的主人。但這種方法實在太昂貴，不適合我們這種純粹欣賞羽毛的人。第三種方法則是使用顯微鏡觀察絨羽（絨狀羽枝）部分，以識別出它的主人。只要有能放大200～400倍左右的顯微鏡就夠了。雖然很難精確辨識出是哪個物種，但不同種群的鳥，羽小枝的形狀與長度皆有明顯的差異，所以至少可以看出是哪一類的鳥。瞭解各種鳥的差異能夠體會到不同的樂趣，請各位一定要試試看。

【雀嘴八哥】

英文名稱：Finch-billed Myna
學名：*Scissirostrum dubium*
分類：雀形目椋鳥科

分布於印尼的蘇拉威西島周邊，會聚集成群並在同一個區域築巢。為椋鳥類的成員，一個群體內可達100對以上的個體。雀嘴八哥身上最顯眼的羽毛，就是位於腰部到尾上覆羽、末端為紅色的羽毛。紅色部分與灰原雞（第164頁）的飾羽類似，是含蠟質的裝飾。雀嘴八哥的全身為黑色，卻有黃色的鳥喙與腳，以及紅色的飾羽，相當美麗。年輕個體的紅色則較淡。

column

發出聲音的羽毛與消除聲音的羽毛

如果各位在附近撿到了一根很大的羽毛，可以試著揮動看看，應該會發出某些聲音才對。聽起來很理所當然沒錯，有空氣阻力的東西在揮動時自然會發出聲音。有些鳥會故意製造出這種聲音，例如地鷸類的成員。牠們身上有許多細長的尾羽，在快速飛行時會振動尾羽發出聲音。另外像是銅長尾雉、鷸等都會振動翅膀，發出「兜兜兜……」這類很大的聲響。這種振動翅膀的聲音就相當於其他鳥類的鳴叫聲。此外，國外有些鳥還會振動翅膀使羽毛互相摩擦，藉此發出聲音。例如棲息於厄瓜多的梅花翅嬌鶲，這種鳥一秒鐘可振動翅膀100次以上。牠們的羽毛具有特殊結構，可以在快速振動時發出聲音。

說到會發出聲音的羽毛，最讓我在意的是樂園維達雀（第134頁）的羽毛。牠們的葉狀尾羽有波浪狀紋路，而在這個巨大飾羽的末端則有如唱針般的突出。我在想這樣的結構該不會能發出聲音吧。但不管我怎麼嘗試，都發不出好聽的聲音（苦笑）。

相對的，有些羽毛則不容易發出聲音，想必各位應該也知道才對。沒錯，就是貓頭鷹。牠們的翅膀邊緣，也就是飛行時受風阻力最大、最外側的飛羽邊緣有鋸齒狀的細小突出。這是為了讓空氣擴散、降低聲響的結構。新幹線的集電弓為了減少噪音也有使用類似的結構。另外，貓頭鷹的羽毛表面有很細小的細毛。這是特別長的羽小枝覆蓋羽毛表面而形成的結構。這些細毛也有降低音量的功能。

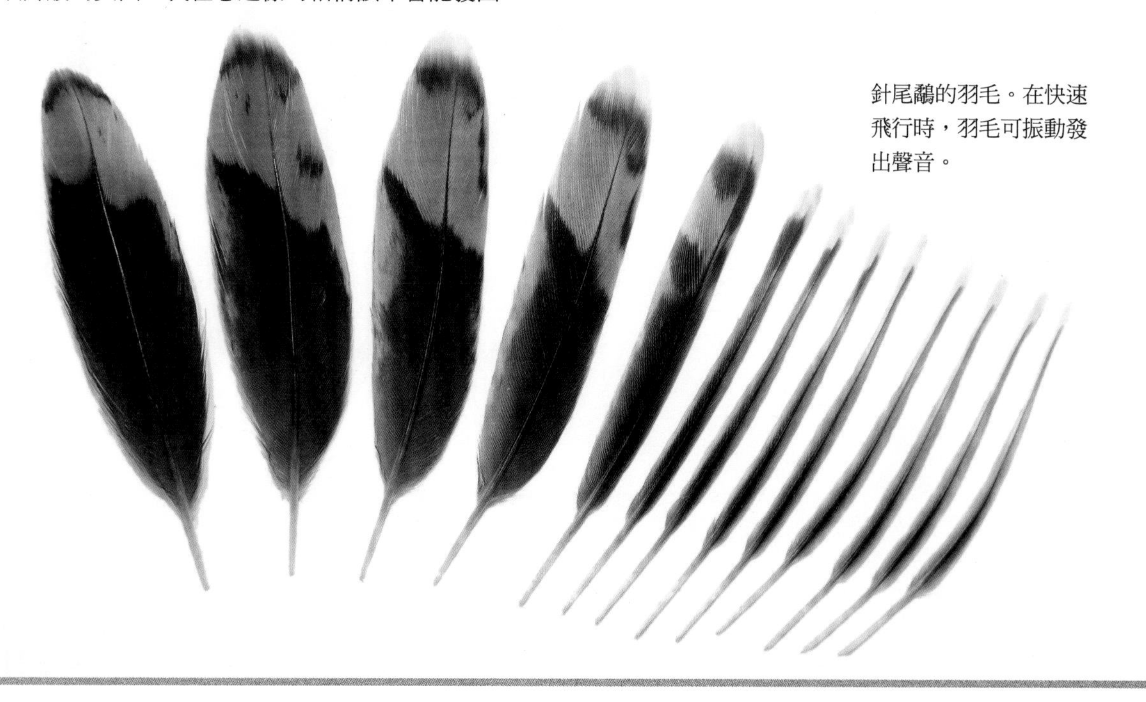

針尾鷸的羽毛。在快速飛行時，羽毛可振動發出聲音。

#04 : flightless bird 不會飛的鳥

【 鴯鶓 】

英文名稱：Common Emu
學名：*Dromaius novaehollandiae*
分類：鴕鳥目鶴鴕科

分布於澳洲的廣大區域，也是日本動物園常見的鳥類。體表覆羽中較大的羽毛有著乾枯植物的觸感，撫摸這些羽毛時會發出沙沙聲。較小的羽毛除了末端以外，整體而言為具有蓬鬆感的細長羽毛。這些羽毛的副羽都很發達，後端會分成2根羽毛。幼鳥的羽毛（第170頁照片下方）也很特別，羽軸末端有著堅硬的裝飾，就像長著白色與黑色的植物一樣，有著奇怪的形狀。

【 鴕鳥 】

英文名稱：Ostrich
學名：*Struthio camelus*
分類：鴕鳥目鴕鳥科

分布於非洲中部與南部地區，是不會飛的鳥中相當著名的例子。可用發達而強韌的腳取代翅膀，跑出與汽車相當的速度。照片中的白色羽毛為飛羽，黑色羽毛為體表覆羽，不過兩者都不像是用來飛行的羽毛。鴕鳥除了羽毛可製成裝飾品或是雞毛撣子之外，皮革也可製成皮包等。說到英文的ostrich，應該有不少人會對相關皮件有印象吧。鴕鳥也因此遭到濫捕而大量減少。日本經常可看到鴕鳥皮製的皮包或鞋子等，鴕鳥羽毛也常用於製作裝飾品。不過，鴕鳥已正式被認可為CITES附錄一的物種，進口受到嚴格的限制。

※CITES：瀕危野生動植物種國際貿易公約（華盛頓公約）。

【 南方鶴鴕 】

英文名稱：Southern Cassowary
學名：*Casuarius casuarius*
分類：鴕鳥目鶴鴕科

分布於新幾內亞島與澳洲東北部。從外表看不出牠的翅膀在哪裡。相對的，牠們的腳十分發達。原本應為翅膀的部分，伸出了許多棒狀羽毛。這些是飛羽，雖然不曉得牠們是一開始就演化成這樣，還是後來退化才變成這樣。一般鳥類的飛羽有著平滑的羽軸，南方鶴鴕的羽軸形狀卻顯得有些扭曲。如果將這些羽軸互相碰撞，便會聽到喀嘰喀嘰的聲音，實在不像是羽毛會發出的聲音。此外，牠們的體表覆羽也偏硬（第175頁照片），而且很長。副羽同樣很長，所以看起來就像分岔的羽毛，如照片所示。這些飛羽與體表覆羽在當地常用來當作裝飾品（第51頁）。

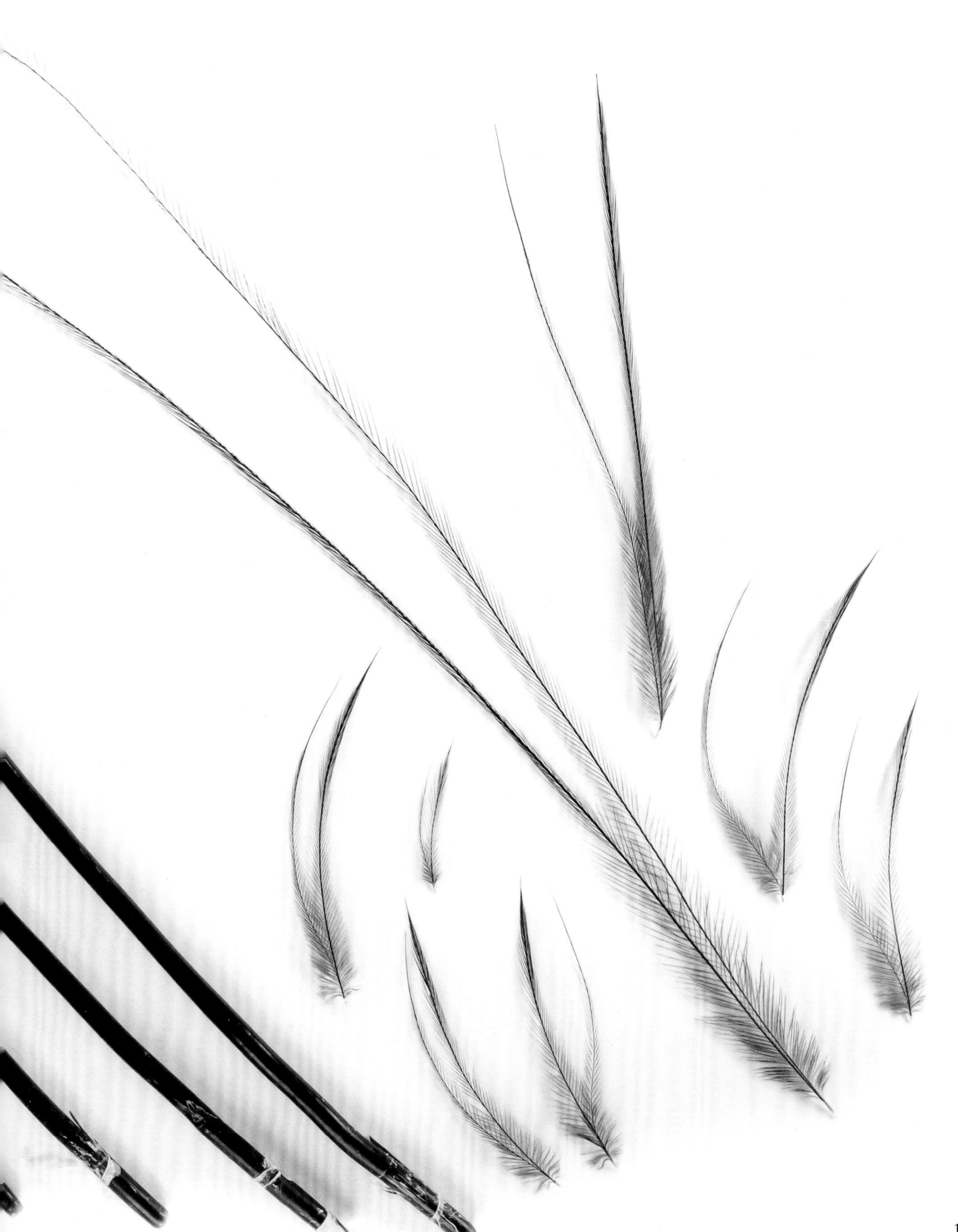

【 國王企鵝 】

英文名稱：King Penguin
學名：*Aptenodytes patagonicus*
分類：企鵝目企鵝科

廣泛分布於南極海。在企鵝類的成員中，體型大小僅次於皇帝企鵝。一般人大概對企鵝的羽毛沒什麼印象，但只要是鳥類都一定有羽毛。由照片中可以看出，這一根根羽毛與一般羽毛並沒有太大的差異。差別只在於羽軸基部特別長。因為企鵝的皮特別厚，所以羽軸基部也比較長。特別是尾羽（照片中央），尾羽不是從皮膚長出來，而是從皮下長出來，所以羽軸基部的長度就和皮下脂肪的厚度一樣。在國王企鵝休息時，尾羽或許具有支撐身體的功能。

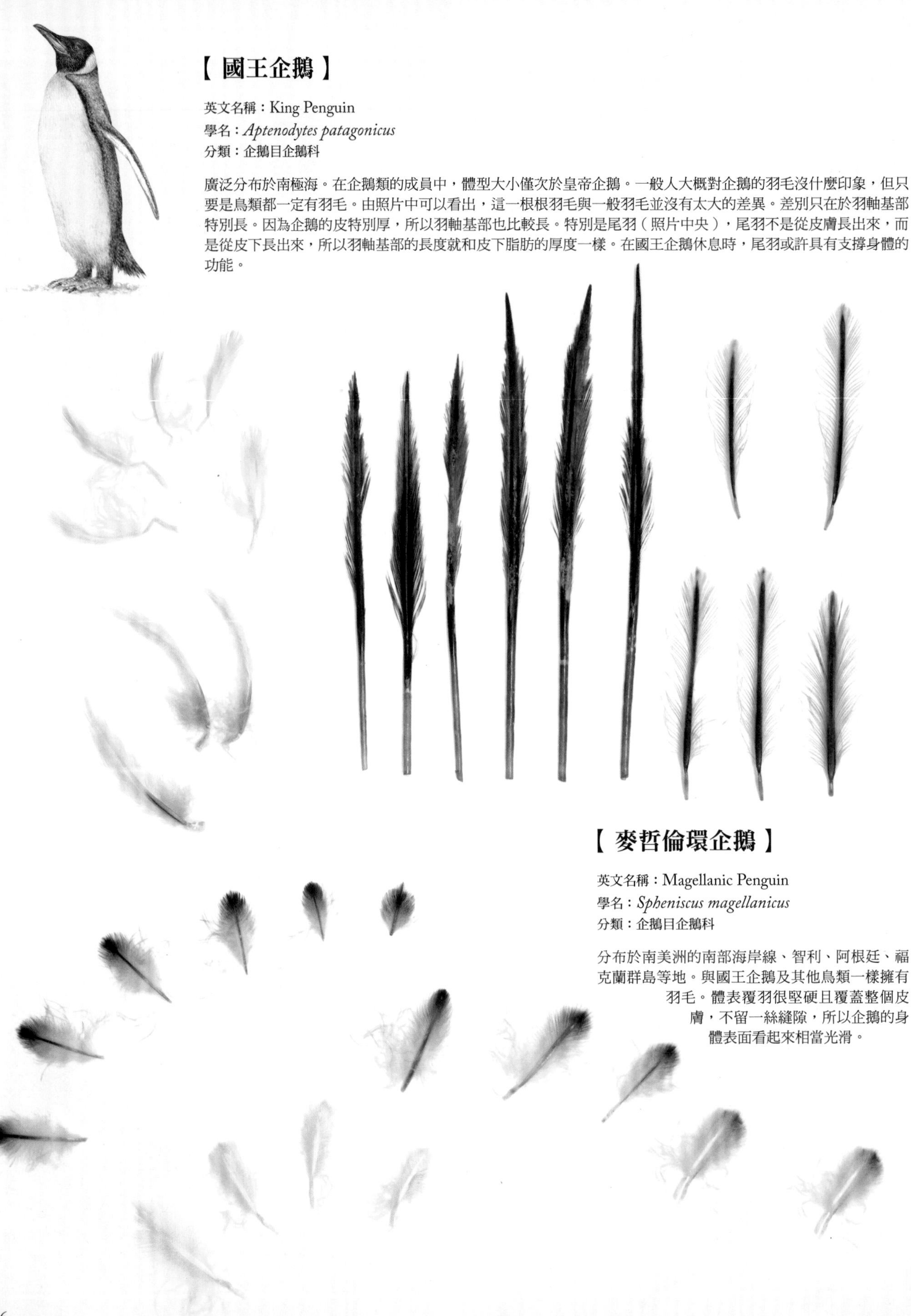

【 麥哲倫環企鵝 】

英文名稱：Magellanic Penguin
學名：*Spheniscus magellanicus*
分類：企鵝目企鵝科

分布於南美洲的南部海岸線、智利、阿根廷、福克蘭群島等地。與國王企鵝及其他鳥類一樣擁有羽毛。體表覆羽很堅硬且覆蓋整個皮膚，不留一絲縫隙，所以企鵝的身體表面看起來相當光滑。

【奇異鳥】

英文名稱：Brown Kiwi
學名：*Apteryx australis*
分類：無翼鳥目無翼鳥科

僅分布於紐西蘭，號稱紐西蘭的國鳥。我們吃的奇異果就是因為長得很像奇異鳥而得名。牠們雖然不會飛，腳卻相當發達。翅膀已退化到幾乎看不到。體表覆羽（照片）也有些奇特，雖然有羽軸，羽枝卻相當稀疏。牠們會捕食地表的蚯蚓、昆蟲的幼蟲等，或許是為了方便甩掉身上沾到的泥土，所以羽毛才會有這樣的結構。

【鴞鸚鵡】

英文名稱：Kakapo
學名：*Strigops habroptilus*
分類：鸚形目鴞鸚鵡科

僅分布於紐西蘭。Kakapo源自當地的毛利語，意思為晚上的鸚鵡。屬於大型鸚鵡，也是世界上最重的鸚鵡。不會飛行，體表覆羽（照片）的圖樣使牠們能偽裝成草地的一部分。鴞鸚鵡為夜行性，繁殖期時會走數公里的路來到求偶場，這裡是雄鳥集體向雌鳥展示的地方。

【鷺鶴】

英文名稱：Kagu
學名：*Rhynochetos jubatus*
分類：鶴形目鷺鶴科

僅分布於新喀里多尼亞的鳥，不會飛行，為新喀里多尼亞的國鳥。乍看之下是灰色且不起眼的鳥，不過牠們的飛羽有著多彩多姿的圖樣，雄鳥向雌鳥展示時會張開翅膀。雖然不會飛，但牠們的飛羽（第178頁）仍保留了飛行所需要的結構。然而觀察牠們的骨骼，便會發現胸骨的龍骨突很小，可見飛行用的肌肉並不充足。尾羽（第179頁右端）和羽軸都很柔軟，無法承受飛行時施加在尾羽上的空氣阻力。

羽毛的結構

鳥的羽毛分成了羽軸、羽枝、羽小枝等3個層次的結構，就只有3個層次，而且這3個層次的結構有著一定的上下關係。基本上，羽毛的中心為羽軸，羽軸會像樹枝一樣伸出羽枝，羽枝再伸出分支，稱為羽小枝。羽小枝有2種，朝著羽毛末端伸出的羽小枝稱為有鉤羽小枝或遠列羽小枝，具有鉤狀結構。往反方向伸出的羽小枝則稱為弓狀羽小枝或近列羽小枝，沒有鉤狀結構。有鉤狀結構的羽小枝可抓住無鉤狀結構的羽小枝，使羽枝像魔鬼氈一樣連接在一起。這種羽枝間彼此相連所形成的板狀結構稱為羽瓣。

除此之外，有些羽枝僅含有無鉤狀結構的羽小枝，這些羽枝會彼此交纏成絨毛狀，稱為絨狀羽枝，也就是所謂的「羽絨」。羽瓣可作為飛行用的翅膀羽毛或是尾羽，也可作為防雨的雨衣。羽絨就像棉花一樣結構十分鬆軟，內部包覆著大量的空氣，具有保暖功能，這就是基本的羽毛結構。

羽毛大致上可分成正羽、半絨羽、絨羽、剛毛羽、粉絨羽、絲狀羽等6種。正羽由羽瓣構成，飛羽、尾羽與覆羽都含有正羽。半絨羽不會形成羽瓣，具有羽軸。絨羽沒有羽瓣，僅基部有羽軸，其羽枝與羽小枝會形成絨狀羽枝。我們用於填充羽絨衣或羽絨被的羽絨，就是這種絨羽。剛毛羽僅羽軸較明顯，鳥喙周圍如鬍子般的毛就是剛毛羽。粉絨羽可見於鴿子、鸚鵡、鷺類成員，終生生長，末端剝落後會變成粉狀，這些粉可用於清除羽毛上的汙漬。最後是絲狀羽，絲狀羽會長在其他羽毛的基部，可能具有感應器的功能，可以在其他羽毛掉落時，指示身體長出新的羽毛。

半絨羽

絨羽

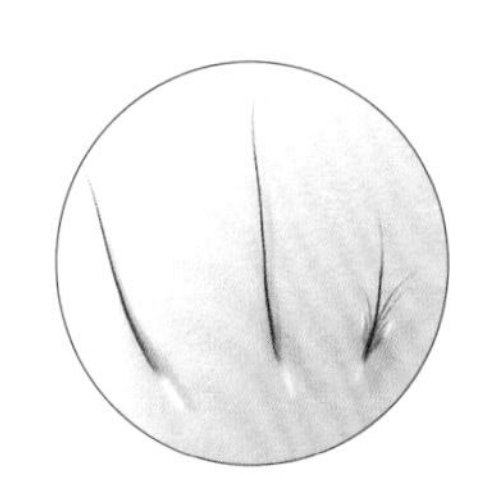
剛毛羽

粉絨羽

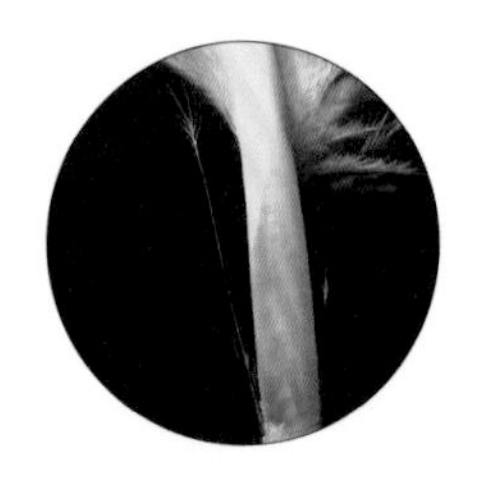
絲狀羽

照片：作者

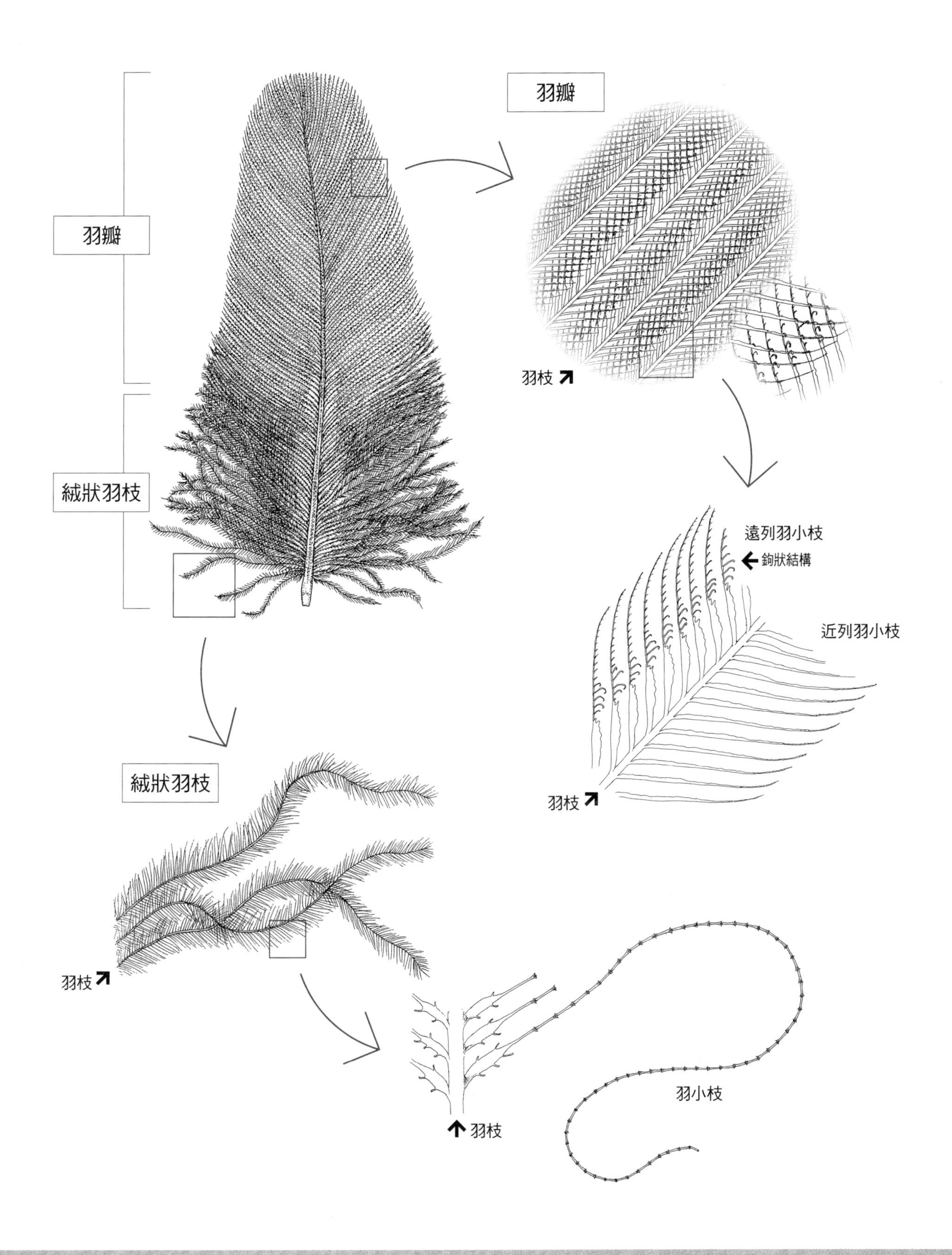
羽瓣
絨狀羽枝
羽瓣
羽枝
遠列羽小枝
鉤狀結構
近列羽小枝
羽枝
絨狀羽枝
羽枝
羽枝
羽小枝

如果依照身體部位為羽毛進行分類，可以分成飛行用的羽毛，包括飛羽、小翼羽、覆羽、尾羽，以及體表覆羽。飛羽包括功能類似飛機螺旋槳的初級飛羽、構成翅膀本體的次級飛羽，以及填充翅膀與軀幹間空隙的三級飛羽。小翼羽可抑制飛翔時產生的紊亂氣流。覆羽可填充飛羽與飛羽間的空隙，使羽毛覆蓋整個翅膀，讓翅膀表面保持光滑的形狀。尾羽可在飛行時轉換方向或減速。體表覆羽的主要功能為擋住雨水、保持體溫，從頭部、背、胸、腹、腋、肩、腰的覆羽，一直到覆蓋尾羽根部的尾上覆羽、尾下覆羽，形狀各不相同，使整個身體輪廓形成適合飛行的流線形。就像我們一開始說的，鳥是為了飛行而演化出羽毛。

除此之外，還有很重要的一點是，牠們不只是為了飛行而演化出各種功能性羽毛，同時也沒忘了要展現自我，飾羽就是其中的代表。飾羽會隨著鳥的種類而出現在不同部位。例如有些鳥的頭部羽毛會演化成帥氣站立的羽冠，有些鳥的飛羽或尾羽會改變形狀成為飾羽，有些鳥的飾羽不只有平面結構，而是以立體方式呈現。不同物種的鳥，演化出的自我展示方法也不一樣。有些物種並非使用特殊的羽毛形狀來展示自我，而是利用特殊

的羽毛顏色或圖樣來吸引注意力。看過本書後，想必各位也能充分體會到這點。筆者對不同的羽毛外型感到讚嘆，但最感興趣的其實是羽毛上的圖樣。羽毛一開始會像植物發芽一樣從身體冒出，接著芽的末端會花數週的時間成長、伸出。羽毛剛伸出時，羽枝仍彼此分散，尚未形成羽瓣。當然，鳥並不會在已長成的羽毛上塗色，而是隨著個體成長在不同時間長出不同顏色的羽毛。而在成長的過程中，不同羽枝彼此連結，使不同時間點長出來的羽毛像拼圖一樣合而為一，成為完整的圖樣。每根羽毛的色彩、圖樣必須分毫不差，才能完成最後的圖樣，可說是如奇蹟般的藝術。光是想像這個過程中的變化，就不禁讓人起雞皮疙瘩。

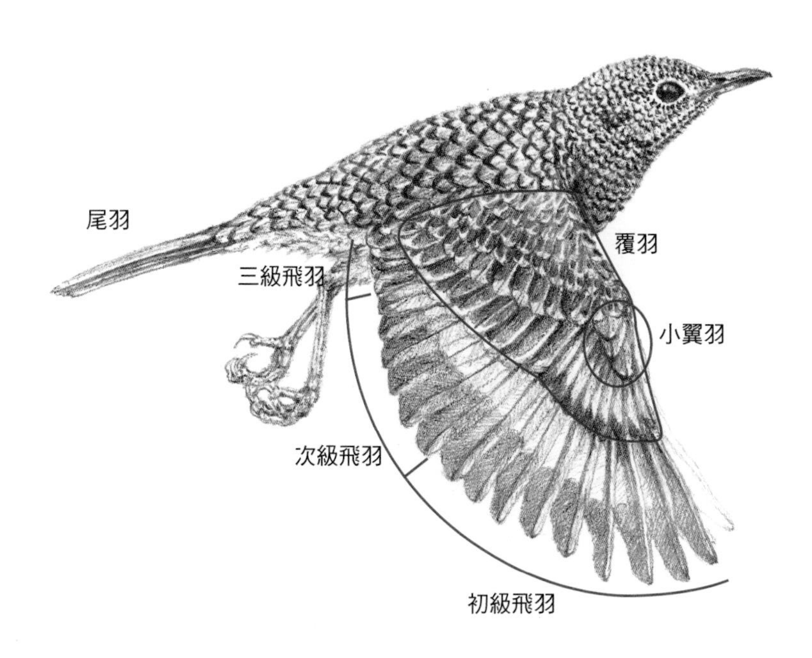

顯微鏡下的羽毛

羽毛並不是什麼罕見的東西。本書也介紹了許多羽毛，不過，有多少人會用顯微鏡放大觀察這些羽毛呢？恐怕很少人會這麼做吧。在神祕的微觀世界中，可以看到平時難以想像的羽毛模樣，就像開啟了新世界的大門。我們可以透過顯微鏡看到產生結構色的羽小枝是什麼形狀、哪個部分帶有顏色，得以從不同的角度觀察羽毛。不同形狀的羽毛可用於識別物種，不過這裡就不談那麼複雜的事，讓我們專心享受美麗的微觀世界吧。

叉尾太陽鳥
〈第85頁〉

產生結構色的羽小枝並沒有細微的鉤狀結構，而是呈粗粗的棒狀，上面排列著間隔相等的線條（300倍）。

青銅太陽鳥
〈第85頁〉

體表覆羽放大的樣子。產生結構色的結構泛著紫光。羽枝為黑色。基本上，黑色常用於凸顯出其他顏色（250倍）。

赤紅太陽鳥

〈第84頁〉

體表覆羽的紅色羽毛放大的樣子。羽枝與羽小枝的基部為紅色，羽小枝的基部以外則為黑色。這個黑色可以讓紅色顯得更為鮮豔（250倍）。

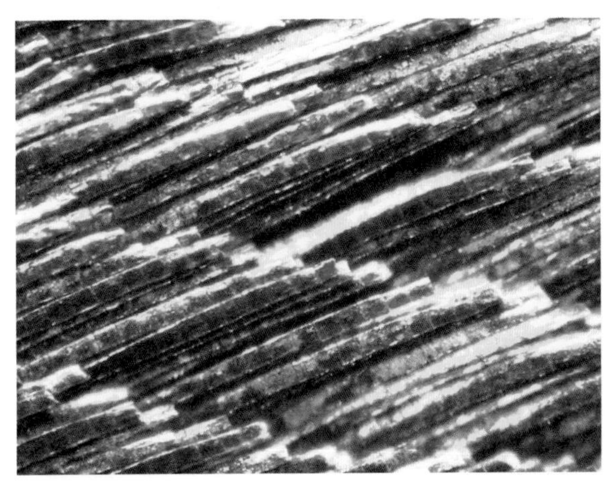

眼斑吐綬雞

〈第26頁〉

尾上覆羽的末端部分放大的樣子。產生結構色的羽小枝相當密集，泛著金黃色的光澤（300倍）。

鳳尾綠咬鵑

〈第54頁〉

覆羽放大的樣子。產生結構色的羽小枝顏色濃烈、鮮豔有光澤（300倍）。

金翅花蜜鳥

〈第82頁〉

飛羽的黃色部分放大的樣子。羽枝與羽小枝兩者皆為黃色（450倍）。

長尾銅花蜜鳥

〈第83頁〉

背部體表覆羽放大的樣子。產生結構色的羽小枝呈現膨大狀，泛著金黃色的光澤（300倍）。

灰孔雀雉

〈第18頁〉

眼斑圖樣放大的樣子。產生結構色的羽小枝略微彎曲，泛著鮮豔的紫色光澤（300倍）。

綠孔雀

〈第36頁〉

眼斑圖樣放大的樣子。結構色的顏色相當鮮豔，末端部分的顏色卻略有差異。這種差異造就了孔雀羽毛上的複雜圖樣（250倍）。

綠蓑鳩

〈第152頁〉

覆羽放大的樣子。羽小枝很細長，與一般羽小枝的結構相近，整體形狀表現出了結構色。羽枝為黑色，使綠色部分更為顯眼（450倍）。

銅翅鳩

〈第40頁〉

覆羽具有光澤的部分放大的樣子。羽小枝間的間隔較寬，使朝向不同方向的羽小枝呈現出有層次感的顏色（300倍）。

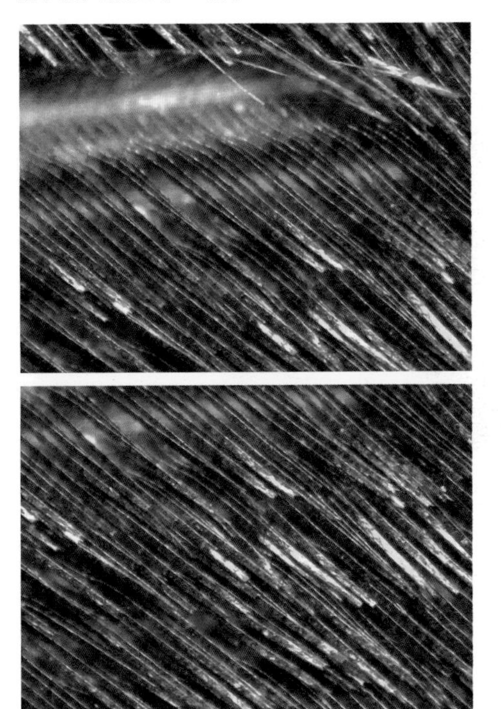

棕尾虹雉

〈第74頁〉

體表覆羽放大的樣子。產生結構色的結構排列得很緊密。不同部位呈現的顏色各不相同（300倍）。

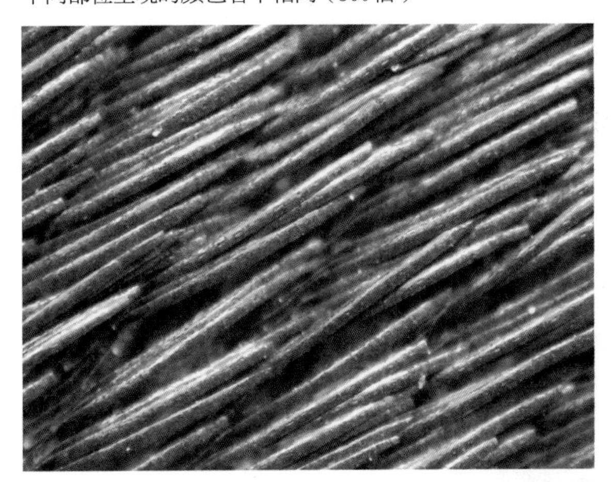

紅玉喉北蜂鳥

〈第69頁〉

具有光澤的體表覆羽放大的樣子。雖然我想要介紹紅色羽毛，但紅色羽毛過於顯色，難以拍出漂亮的照片。由這張照片可以看到微小的羽毛上，有許多又粗又顯色的羽小枝密密麻麻地排列（500倍）。

和平鳥

〈第90頁〉

體表覆羽放大的樣子。羽枝粗壯且平坦。使羽毛表面呈現出琺瑯質般的質感。羽小枝為黑色，更凸顯出藍色的光澤（150倍）。

最豐富有趣的鳥類學科普書

透過圖鑑輕鬆學習，一起探索鳥類世界的奧祕！

收錄即使在都市也能看到的多種野鳥，
實際照片搭配插畫家描繪的精美插圖，
掃描QR Code還能聽到鳥兒的鳴叫聲，
從視覺、聽覺認識鳥兒的特徵與生態！

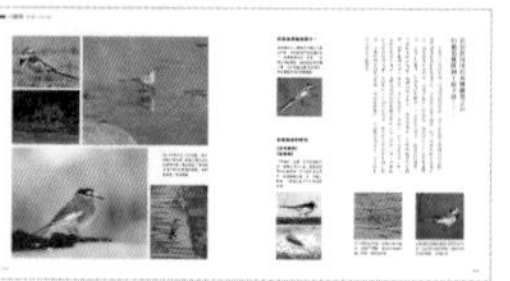

野鳥觀察圖鑑

外形、習性、特徵詳盡解說

山崎宏／監修　定價460元

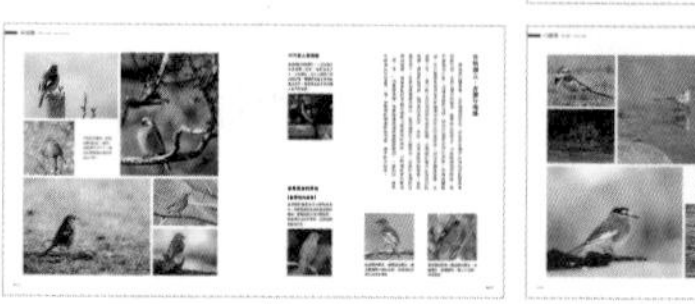

圖文摘自東販出版《野鳥觀察圖鑑》© 2018 Hiroshi Yamazaki, Toshihiko Kakogawa

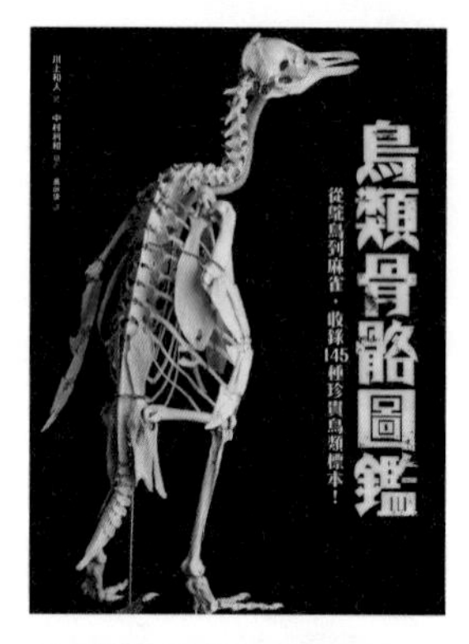

收錄145種完整組裝的鳥類骨架，
同時附上姿勢相近的活體照片以供比對，
最專業且獨一無二的鳥類骨骼標本圖鑑！

鳥類骨骼圖鑑

從鴕鳥到麻雀，收錄145種珍貴鳥類標本！

川上和人／著　定價700元

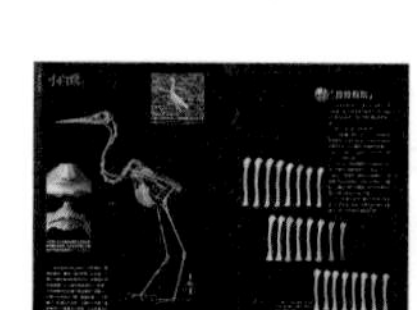

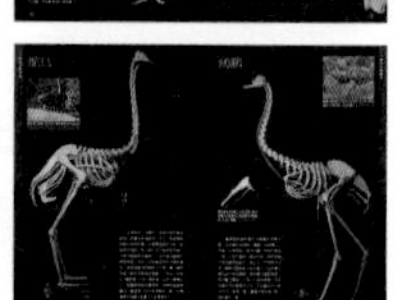

圖文摘自東販出版《鳥類骨骼圖鑑》© 2019 Kazuto Kawakami, Toshikazu Nakamura

收錄多達670種野外可見的鳥類，
搭配3400張照片詳細解說棲息環境＆特徵，
愛鳥人士必備收藏的最強鳥類圖鑑！

野鳥完全圖鑑

詳盡比對辨識，盡覽鳥類之美

永井真人／著　定價900元

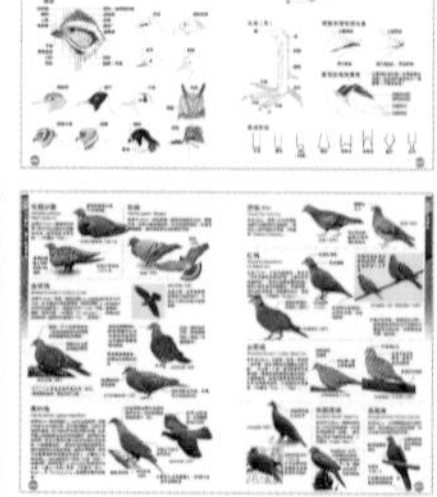

圖文摘自東販出版《野鳥完全圖鑑》@ 2019 Masato Nagai, Yoshimitsu Shigeta

後記

在製作本書的過程中，讓我實際接觸到那些從以前就夢想能拿在手上觀賞的羽毛，實在令我感到十分幸福。光是這樣，就讓我深深覺得能參與這本書的企劃實在是太棒了。責任編輯黑田麻紀小姐也笑著說我洋溢著幸福的氛圍。「一期一會」是我一直銘記在心的一句話。與羽毛的相遇是一期一會，與人的相遇也是一期一會。從我開始研究羽毛到現在，遇到了形形色色的人。我常想，如果要製作一本這樣的書，一定要找他們一起加入，後來這些人也實際參與了本書的製作。包括攝影師松橋利光先生、畫家舘野鴻先生、Kawashima Haruko先生、相模原市立博物館的秋山幸也先生，以及責任編輯黑田小姐。要是少了任何一位就無法完成這本書。特別是舘野先生，即使他現在已經是知名的畫家，仍然常常與我一起談論夢想，是我十分寶貴的朋友，這次他也在繁忙的工作中，抽空為這本書繪製插圖。另外，我把排列羽毛這個實際上沒什麼必要性的工作推給了秋山先生，秋山先生則幫我這個沒什麼藝術感的人把羽毛排出了超乎想像的構圖，成為本書的一大魅力。在此向上述成員致上我的謝意。同時也感謝在背後協助本書製作的設計人員。

本書介紹了各種鳥類的羽毛，鳥類為了適應自身的生活環境、為了表現自己、為了在美的競爭上勝出，演化出了各種羽毛。不曉得這些羽毛的美麗、精巧之處，是否有傳達給各位呢？然而，我們人類卻為了這些美麗的羽毛，殺害了許多鳥類。我指的是羽毛蒐集者的濫捕。在這些羽毛中，甚至有來自1800年代的標本。由此可以看出當時的濫捕狀況有多麼猖獗。在企劃本書時，最讓我憂心的是，這本書是否會鼓勵盜獵行為。但我實在很想向大眾傳達鳥類演化出來的表現方式有多麼豐富。看到鳥類留下的珍貴羽毛，除了感動之外，心中也萌生出想要保護牠們的想法。誠心希望這本書在數年之後仍然能留存於各位心中，為每個人帶來平靜的心靈，成為書架上不可或缺的一本書。

藤井 幹

索引

藤井 幹 【作者】

1970年生於日本廣島縣，目前居住於神奈川縣。熱衷於鳥類調查、研究與保護活動。自孩童時期起便相當喜歡生物，除了鳥類之外，也對多種多樣的生物充滿好奇。興趣是蒐集羽毛與尋找冬蟲夏草。著作包括《歡迎來到動物遺物學的世界！》（暫譯，共著，鄉里生物研究會／築地書館）、《打造吸引野鳥聚集的庭院》（暫譯，共著，誠文堂新光社）等。

松橋利光 【攝影】

1969年生於日本神奈川縣，曾在水族館工作過，現為自由攝影師。每天都在觀察、拍攝田野間的生物，以兩棲類、爬蟲類等為主要拍攝對象。著作包括《日本的烏龜、蜥蜴、蛇》（暫譯，山與溪谷社）、《你到底是哪種青蛙？》（暫譯，アリス館）、《抓到生物的話該怎麼辦？》（暫譯，偕成社）、《孩子的科學★Science books 不為人知的青蛙生態》（暫譯，誠光堂新光社）等。www.matsu8.com

舘野 鴻 【插圖】

1968年生於日本神奈川縣。札幌學院大學輟學。年幼時曾拜熊田千佳慕為師。學生時期在北海道持續觀察各種生物，以昆蟲為主要觀察對象。1996年於神奈川縣從事生物調查工作，並正式展開生物插圖工作。著作包括《埋葬蟲》、《岐阜蝶》（暫譯，皆為偕成社）。

かわしまはるこ (Kawashima Haruko) 【插圖】

生於日本埼玉縣。曾在企業內從事插畫工作，現為自由工作者。主要工作是為圖鑑、教科書、單行本繪製生物插圖。2006年起拜舘野鴻為師，學習昆蟲、植物等的觀察方法，並開始認真學習生物插圖。活動範圍包括飯能市的田地與山林，目前在3隻雨蛙的陪伴下，製作自己的繪本。

日文版工作人員

編輯協助 秋山幸也
戸村悦子

內文、封面排版 小野口広子（Veranda）

協助 雨宮真知子
加々美萌
小宮輝之
早川雅晴

上野剝製所
日本國立科學博物館
相模原市立博物館
Suntory Holdings株式會社
女子美術大學研究所
公益財團法人橫濱市綠之協會 橫濱市立野毛山動物園
公益財團法人橫濱市綠之協會 橫濱市立橫濱動物園ZOORASIA

參考文獻 Tim Laman・Edwin Scholes（2013）
《極楽鳥 全種 世界でいちばん美しい鳥》
Nikkei National Geographic

《Handbook of the Birds of the World》 vol.1-16 Lynx

吉田洋・富岡由香里（2008）
《カンムリセイランの繁殖》 Zoo よこはま65号
橫濱市動物園友之會事務局

Robert A. Cheke and Clive F. Mann（2001）
《SUNBIEDS A Guide to the Sunbirds, Flowerpeckers, Spiderhunters and Sugarbirds of the World.》
CHRISTOPHER HELM .

山階芳麿（1985）《世界鳥類和名辭典》 大學書林

世界最美的鳥類羽毛圖鑑

從圖樣、顏色到形狀一窺鳥的絕美姿態

2024年6月1日初版第一刷發行

作　　者　藤井幹
譯　　者　陳朕疆
主　　編　陳正芳
美術設計　許麗文
發 行 人　若森稔雄
發 行 所　台灣東販股份有限公司
＜地址＞台北市南京東路4段130號2F-1
＜電話＞(02)2577-8878
＜傳真＞(02)2577-8896
＜網址＞http://www.tohan.com.tw
郵撥帳號　1405049-4
法律顧問　蕭雄淋律師
總 經 銷　聯合發行股份有限公司
＜電話＞(02)2917-8022

TOHAN

國家圖書館出版品預行編目資料

世界最美的鳥類羽毛圖鑑：從圖樣、顏色到形狀一窺鳥的絕美姿態 / 藤井幹著；陳朕疆譯. -- 初版. -- 臺北市：臺灣東販股份有限公司, 2024. 06
192面；21×25.7公分
ISBN 978-626-379-404-7 (平裝)

1.CST: 鳥類 2.CST: 羽毛

388.8　113005845

SEKAI NO UTSUKUSIKI TORI NO HANE
TORITACHI GA NASITOGETEKITA SINKA GA MIERU